MANUEL

DU

BACCALAURÉAT

(SECONDE PARTIE)

(Série Mathématiques)

CHIMIE

PAR

P. RIVALS   &   **M. DEVAUD**

Professeur à la Faculté
des Sciences de Marseille.

Professeur au Lycée
de Marseille.

TROISIÈME ÉDITION

PARIS

LIBRAIRIE VUIBERT

63, BOULEVARD SAINT-GERMAIN, 63

CHIMIE

DES MÊMES AUTEURS

A LA MÊME LIBRAIRIE

Chimie (cl. de 2e et 1re C et D et candidats aux Baccalauréats), par M. RIVALS. — Vol. 16/11^{cm}, cart. toile.   **2 fr.** »

Éléments de Chimie (cl. de Philosophie et candidats aux Baccalauréats), par MM. RIVALS et DEVAUD. — Vol. 20/13^{cm}, cart. toile. . . . . **2 fr. 50**

Chimie (cl. de 2e et 1re C et D et candidats aux Baccalauréats, programme de 1902), par M. RIVALS. — Vol. 16/11^{cm}, cart. toile. . . . . **2 fr.** »

Ajouter aux prix ci-dessus le montant de la majoration temporaire.

P. RIVALS   &   M. DEVAUD

Professeur à la Faculté
des Sciences de Marseille.

Professeur au Lycée
de Marseille.

CHIMIE

À L'USAGE DES ÉLÈVES

DE LA

CLASSE DE MATHÉMATIQUES

TROISIÈME ÉDITION

conforme aux programmes du 4 mai 1912.

PARIS

LIBRAIRIE VUIBERT

63, BOULEVARD SAINT-GERMAIN, 63

PRÉFACE

DE LA TROISIÈME ÉDITION

La présente édition est, comme la précédente, conforme aux programmes du 4 mai 1912 qui prescrivent d'exposer, comme nous l'avions fait antérieurement, la détermination des poids moléculaires par des considérations chimiques, ce qui est évidemment la vraie méthode.

Comme dans l'édition précédente, nous avons cru devoir laisser subsister quelques notions sur les équilibres chimiques et la thermochimie. Ces questions ne figurent plus au programme officiel, et le lecteur en est averti par une note.

Les éléments de chimie organique ont été traités dans l'esprit du Programme, c'est-à-dire au point de vue de l'étude des fonctions. On a pu regretter que la partie expérimentale et descriptive ne soit pas plus développée ; mais nous devions éviter les redites par rapport au Cours de Première, auquel l'élève devra se reporter constamment pour se remettre en mémoire les préparations et les propriétés des composés organiques fondamentaux.

RIVALS et DEVAUD.

PROGRAMME OFFICIEL

Généralités sur les combinaisons chimiques.

Analyse immédiate.

Principes de l'analyse gravimétrique et de l'analyse volumétrique (¹).

Lois des combinaisons en poids et en volumes.

Idée d'un système de nombres proportionnels et d'une notation chimique.

Formules déduites des propriétés des corps.

Définition chimique du système des masses moléculaires et des masses atomiques.

Lois physiques auxquelles ces masses obéissent (Avogadro, Raoult, Mitscherlich, Dulong et Petit).

Détermination approchée des masses moléculaires par des méthodes physiques.

Exemples de détermination précise de quelques masses atomiques : hydrogène, carbone, potassium, argent, chlore.

Hypothèse atomique : montrer que les lois des combinaisons peuvent être considérées comme des conséquences de l'hypothèse des molécules et des atomes, et de l'hypothèse d'Avogadro.

Notion de valence.

Acides, bases, sels. Loi de Berthollet.

Caractères des oxydes, sulfures, chlorures, sulfates, azotates et carbonates.

Classification des métalloïdes.

(¹) Le professeur devra seulement indiquer les exemples usuels et faciles à produire expérimentalement (chlorure d'argent, sulfate de baryum, dosage électrolytique du cuivre, alcalimétrie, acidimétrie, chlorométrie).

Chimie organique.

Principes de l'analyse organique.

Synthèse (1).

Formules développées.

Fonctions en chimie organique.

Carbures d'hydrogène. — Dérivés halogénés ; étudier sommairement les principaux : chlorures de méthyle et d'éthyle, chloroforme, iodoforme.

Étude sommaire de l'alcool méthylique et de l'alcool éthylique au point de vue fonctionnel (2); éther ordinaire ; aldéhyde éthylique, acétone, méthylamines.

Étude sommaire de l'acide acétique au point de vue fonctionnel ; anhydride.

Éthers sels.

Acétamide. Urée.

Cyanogène et acide cyanhydrique.

Glycérine.

Acide oxalique ; acide lactique.

Carbures benzéniques. Phénol ; acide picrique ; aniline.

---

(1) Le professeur s'attachera à choisir des exemples saillants pour montrer comment, à partir des éléments, on peut arriver à des composés complexes.

(2) Le professeur cherchera à établir, sur des exemples particuliers l'enchaînement qui existe entre les différentes fonctions.

Tableau des poids atomiques des principaux corps simples.

Hélium. . .	He =	3,99	Calcium . .	Ca =	40,07
Néon . . .	Ne =	20,2	Strontium .	Sr =	87,63
Argon . . .	A =	39,9	Baryum . .	Ba =	137,37
Krypton . .	Kr =	82,9	Thorium. .	Th =	232,4
Xénon . . .	Xe =	130,2	Radium . .	Ra =	226,4
Hydrogène .	H =	1,008	Glucinium .	Gl =	9,1
			Magnésium.	Mg =	24,32
Fluor. . . .	F =	19,00	Zinc	Zn =	65,37
Chlore . . .	Cl =	35,46	Cadmium. .	Cd =	112,40
Brome . . .	Br =	79,92			
Iode	I =	126,92	Aluminium	Al =	27,1
Oxygène . .	O =	16	Cobalt . . .	Co =	58,97
Soufre . . .	S =	32,07	Nickel . . .	Ni =	58,68
Sélénium. .	Se =	79,20	Fer	Fe =	55,85
Tellure. . .	Te =	127,5	Manganèse .	Mn =	54,93
			Chrome . .	Cr =	52
Azote. . . .	N =	14,01	Molybdène .	Mo =	96
Phosphore .	P =	31,04	Tungstène .	W =	184,0
Arsenic. . .	As =	74,96	Uranium. .	U =	238,5
Antimoine .	Sb =	120,2	Thallium. .	Tl =	204
Vanadium .	V =	51			
Bismuth. .	Bi =	208,0	Plomb. . .	Pb =	207,1
Tantale. . .	Ta =	181,5			
			Cuivre. . .	Cu =	63,57
Bore. . . .	B =	11,0	Mercure . .	Hg =	200,6
Carbone . .	C =	12,00	Argent. . .	Ag =	107,88
Silicium. .	Si =	28,3	Or.	Au =	197,2
Titane. . .	Ti =	48,1			
Zirconium .	Zr =	90,6	Osmium. .	Os =	190,9
Étain	Sn =	119,0	Platine . .	Pt =	195,2
			Palladium .	Pd =	106,7
Potassium .	K =	39,10	Iridium . .	Ir =	193,1
Sodium . .	Na =	23,0	Rhodium. .	Rh =	192,9
Lithium .	Li =	6,94			

CHIMIE

LIVRE PREMIER

NOTIONS DE CHIMIE GÉNÉRALE

CHAPITRE PREMIER

GÉNÉRALITÉS SUR LES COMPOSÉS CHIMIQUES ET LES RÉACTIONS

1. Sciences physiques. — Parmi les sciences de la nature, la Physique et la Chimie occupent une place prépondérante parce que leur domaine s'étend à tous les corps et à tous les phénomènes. Tous les corps ont en effet une certaine composition, tous les phénomènes se ramènent à des causes physiques ou chimiques.

Il n'est pas possible de délimiter exactement les domaines respectifs de la physique et de la chimie, et cependant on emploie sans cesse les expressions de phénomènes physiques et de propriétés physiques par opposition à celles de phénomènes chimiques et de propriétés chimiques.

2. Phénomènes physiques. — Prenons de l'eau distillée liquide. C'est une masse homogène, c'est-à-dire semblable à elle-même en toutes ses parties : elle constitue une *phase*. L'eau placée dans une enceinte vide se vaporise en partie, et on obtient *deux phases*, l'une liquide, l'autre gazeuse. Ces deux phases correspondent à des propriétés différentes de la matière eau, mais elles ont la même composition chimique, elles sont deux phases distinctes d'une matière unique.

La vaporisation est un phénomène physique.

3. Phénomènes chimiques. — Prenons au contraire deux gaz, l'oxygène et l'hydrogène ; nous pouvons les mélanger en des proportions quelconques et obtenir un nouveau gaz dont les propriétés varient d'une manière continue avec les proportions du *mélange*.

Mais, si nous faisons passer dans ce mélange une étincelle électrique, une réaction violente se produit et un corps nouveau apparaît ; c'est l'eau, qui est formée en *proportions définies* par la *combinaison* de l'oxygène et de l'hydrogène.

La *combinaison* est un phénomène essentiellement chimique, tout comme la *décomposition* qui en est la contre-partie.

La chimie a surtout pour objet de découvrir les lois qui président à la composition des corps et les règles suivant lesquelles les diverses espèces de matière réagissent les unes sur les autres et donnent naissance à de nouveaux composés.

Cependant, si la connaissance des composés définis est le fondement même de la chimie, les chimistes se tournent de plus en plus vers l'étude de certains mélanges tels que les alliages, les colloïdes, les verres, les solutions liquides ou solides, qui, pour n'être pas des composés définis, n'en ont pas moins un intérêt théorique et pratique considérable.

4. Chimie physique. — La chimie physique, dont le domaine est d'ailleurs bien difficile à délimiter, étudie les phénomènes intermédiaires par leur nature entre les phénomènes physiques et les phénomènes chimiques, notamment l'influence qu'exercent sur les réactions chimiques les variations de température, de pression, d'état électrique, etc., spécialement lorsque cette influence peut se traduire en des formules mathématiques ou des représentations géométriques.

La chimie physique étudie notamment la dissolution. Celle-ci peut être considérée, en effet, et par convention de langage, comme un phénomène physique ; cependant, puisqu'elle donne parfois naissance à des composés définis, elle rentre aussi dans le cadre des actions chimiques.

C'est ainsi que la dissolution aqueuse du sulfate de sodium, SO^4Na^2, peut abandonner, suivant les conditions, soit des cristaux de sulfate anhydre, SO^4Na^2, soit des cristaux de l'un ou l'autre des hydrates $SO^4Na^2.7H^2O$ et $SO^4Na^2.10H^2O$.

La chimie physique précise les conditions exactes dans lesquelles se forment les divers hydrates, comment varient les propriétés des dissolutions ; elle étudie en général les phénomènes physiques qui provoquent les réactions ou qui les accompagnent ; bref, elle applique aux phénomènes chimiques les méthodes de mesures des physiciens.

5. Mixtion. — Fractionnement. — Toutes les fois que deux matières différentes, c'est-à-dire présentant des compositions chimiques différentes, se fondent en une phase unique, on dit qu'il y a mélange, ou dissolution, ou plus généralement *mixtion*.

Ainsi le sucre et l'eau donnent une seule phase : l'eau sucrée.

Toutes les fois qu'une phase unique se scinde en deux phases de compositions chimiques différentes, on dit qu'il y a *fractionnement*.

Ainsi du gaz chlorhydrique saturé de vapeur d'eau donne par condensation partielle une phase liquide qui a en général une composition différente de celle de la phase gazeuse.

L'une des phases nouvelles peut être un composé défini ; c'est ainsi que la dissolution de sulfate de soude peut donner par fractionnement une phase gazeuse : la vapeur d'eau pure, et une phase solide : le sulfate cristallisé, $SO^4Na^2.10H^2O$.

L'analyse immédiate a précisément pour but de fractionner les mélanges en des espèces chimiques définies.

6. Analyse immédiate. — La chimie étudie les propriétés et la composition des corps, mais non pas de tous les corps dans leur infinie variété. Elle étudie de préférence les *corps homogènes,* et, parmi ceux-ci, plus spécialement les *espèces définies.*

Indiquons d'abord comment on isole ces dernières des mélanges où elles se rencontrent.

Le *granit* n'est pas une matière homogène ; on y aperçoit à l'œil nu trois matières différentes : le *quartz,* le *mica* et le *feldspath.* Le granit est donc une *roche* qui relève du géologue ; le quartz, le mica et le feldspath sont des composés qui relèvent du chimiste.

L'*analyse immédiate* est l'ensemble des procédés grâce auxquels on peut retirer d'un mélange, d'un tissu quelconque, les différentes matières qui le constituent. Les procédés les moins brutaux seront les meilleurs, car il s'agit avant tout de ne pas altérer la substance que l'on veut extraire.

7. Procédés mécaniques. — On peut utiliser la différence de densités ; lorsqu'un solide est précipité au fond d'un liquide, on *décante* avec précaution le liquide surnageant (*fig.* 1).

On sépare, imparfaitement d'ailleurs, l'or des sables aurifères en entraînant ces derniers par un courant d'eau ; l'or plus lourd n'est pas entraîné. Plus généralement pour débarrasser un minerai des matières terreuses qui l'accompagnent, on concasse la masse et on la *classe* au

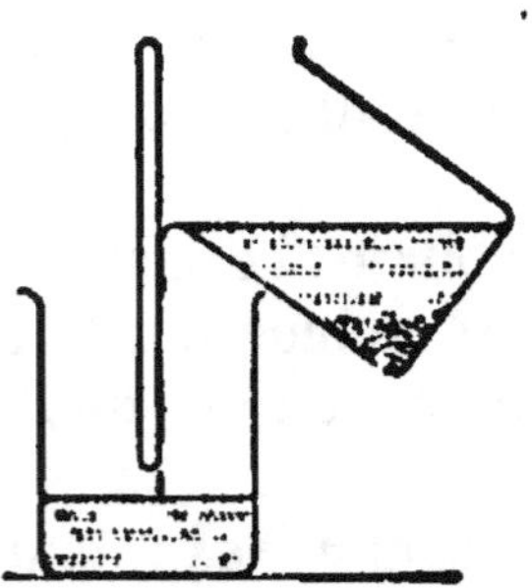

Fig. 1. — Décantation.

moyen de cribles de façon à grouper les morceaux d'égale grosseur. On entraîne ensuite ceux-ci dans un courant d'eau ; tandis que le minerai tombant en A (*fig.* 2) est, par exemple, entraîné en B, la gangue plus légère se rassemble au delà de C. La séparation est d'autant plus parfaite que les densités des deux matières sont plus différentes et le classement plus exact.

L'entraînement par l'eau sert également à séparer l'amidon du gluten. On purifie le kaolin en vue de la fabrication de la porcelaine en le réduisant en

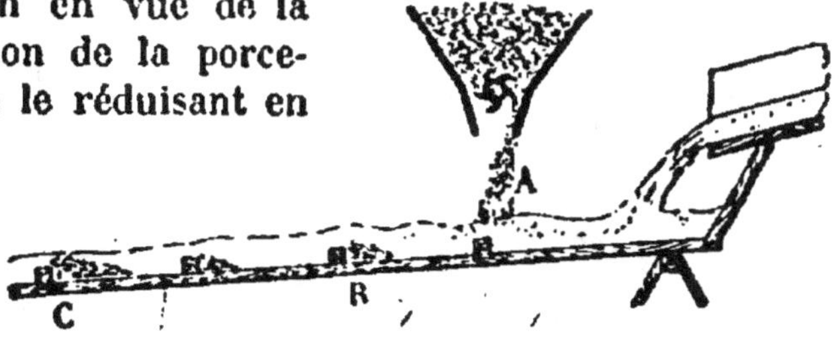

Fig 2. — Entraînement par l'eau.

une poudre impalpable en suspension dans l'eau ; les particules les plus fines sont celles qui mettent le plus de temps à se déposer.

La *filtration*, dont on fait en chimie un si fréquent usage, est aussi un procédé d'analyse immédiate. On la rend plus rapide en s'aidant soit de la force centrifuge, soit de la pression.

Dans le premier cas, on se sert d'essoreuses; ainsi on essore le sucre de betterave pour le séparer des mélasses.

Dans le second cas on emploie les presses et les filtres-presses. Les presses servent à extraire, par exemple, les huiles des graines oléagineuses. La presse hydraulique est décrite dans les traités de physique.

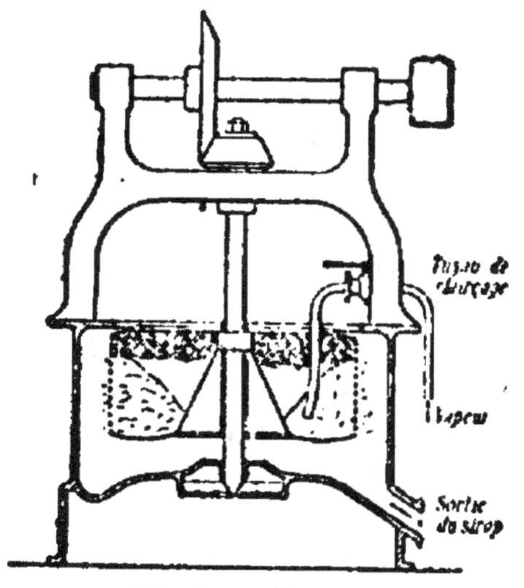

Fig. 3. — Essoreuse.

Le filtre-presse dont l'industrie fait constamment usage, notamment dans la dessication des boues, se compose d'une série de plateaux en fonte percés d'une ouverture centrale et dont les surfaces présentent des cannelures verticales, tandis que les bords bien dressés peuvent s'appliquer exacte-ment les uns sur les autres. Chaque élément est enveloppé entre deux feuilles de toile filtrante t percées en leurs centres et réunies par une petite manche cylindrique m

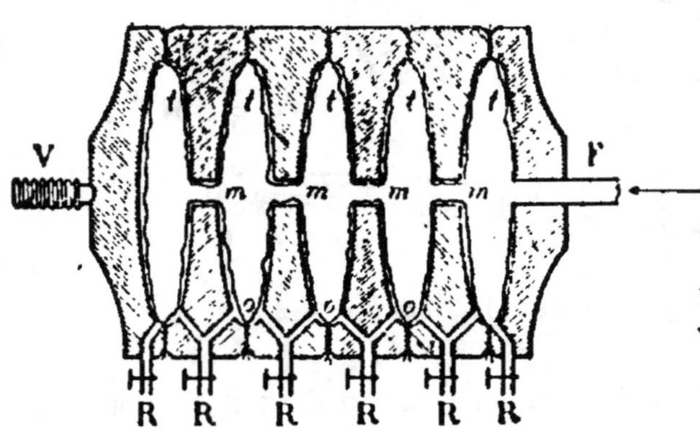

Fig. 4. — Schéma d'un filtre-presse.

que l'on engage dans l'ouverture centrale du plateau. Lorsque les bords des plateaux et des toiles sont serrés au moyen de la vis v, le liquide arrivant sous pression par le canal central F, se répand entre les toiles filtrantes, les traverse, suit les cannelures des plateaux et s'écoule par les ouvertures o jusqu'aux robinets R.

Enfin si on veut filtrer à chaud, on emploie des plateaux creux parcourus par un courant de vapeur d'eau.

8. Dissolution. — L'emploi des *dissolvants neutres :* eau, éther, sulfure de carbone, etc., permet de séparer une matière soluble d'une matière insoluble, d'extraire par exemple le saccharose des cellules de la betterave.

Le sulfure de carbone sert à épuiser les tourteaux de graines oléagineuses, c'est-à-dire à leur enlever les 10 °/. environ de matière grasse qu'ils retiennent après que la majeure partie de l'huile a été extraite à la presse.

Dans l'industrie, le traitement a lieu dans de vastes appareils en fer. Dans les laboratoires, les *appareils à épuisement* sont disposés comme l'indique la figure 5.

La matière à épuiser est concassée et mise dans une

allonge ; le dissolvant volatil est placé dans un matras chauffé au bain-marie et relié à l'allonge. Les vapeurs s'élèvent par un tube latéral, se condensent dans un réfrigérant et retombent sur la matière à épuiser. La partie soluble de la masse est ainsi entraînée peu à peu dans le ballon. L'épuisement terminé, on enlève l'allonge et on chasse le dissolvant volatil.

Si même on a eu soin de peser la masse à épuiser et de tarer le matras, on peut avoir la teneur de la matière en principes solubles dans le dissolvant employé.

Un même dissolvant peut enlever à un mélange plusieurs substances. Ainsi l'eau enlève à la cellule de la betterave du sucre et des sels.

Par une évaporation poussée jusqu'à un point convenable, et suivie d'un refroidissement, on obtient une première cristallisation de sucre presque pur. Un nouveau traitement semblable du sirop restant donnera du sucre moins pur qu'il faudra raffiner.

On a là un exemple d'une *cristallisation fractionnée*.

Plus généralement, connaissant les solubilités et les concentrations des divers corps dissous, on peut les faire cristalliser séparément par une série d'évaporations et de refroidissements. C'est ainsi qu'on extrait de l'eau de mer les divers sels qu'elle tient en dissolution.

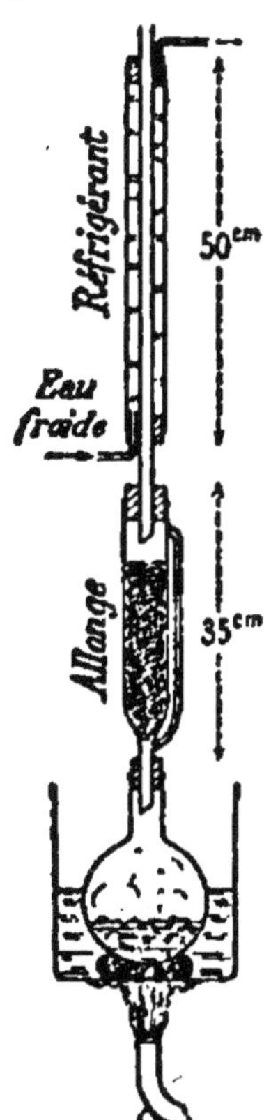

Fig. 5. — Appareil à épuisement.

9. Distillation fractionnée. — La *distillation* est un moyen d'isoler plusieurs substances de volatilités différentes. C'est par la *distillation fractionnée* que l'on sépare l'alcool éthylique du vin ou des liqueurs fermentées, le benzène des goudrons de houille, les pétroles lourds des pétroles légers.

Dans les laboratoires on rectifie les liquides volatils en intercalant entre le ballon où se fait la distillation et le réfrigérant un tube à boules de Lebel et Henninger dont les.

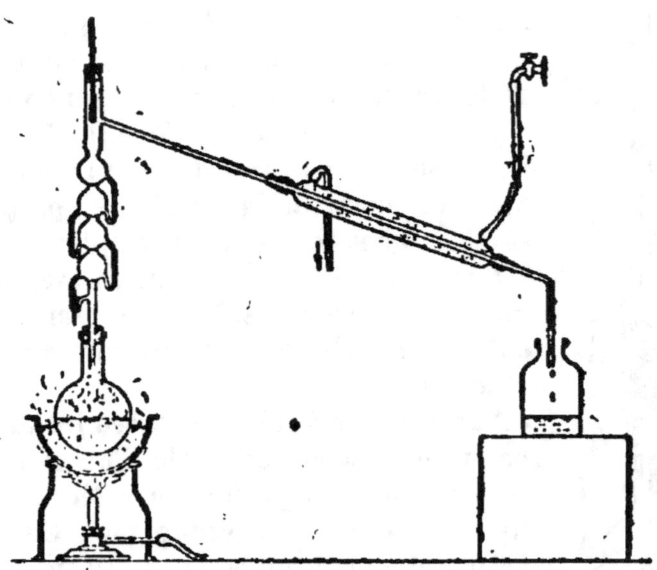

Fig. 6. — Rectification d'un mélange de liquides volatils.

étranglements sont obturés par des toiles de platine ; chaque boule est munie d'un trop-plein latéral communiquant avec la boule inférieure.

De la sorte, à chaque étranglement se rassemblé une petite masse de liquide dans laquelle barbotent les vapeurs qui s'élèvent dans la colonne. Il se produit ainsi dans chaque boule un nouveau fractionnement.

On peut même remplacer les boules par de simples étranglements, formés de saillies coniques dirigées de l'extérieur vers l'intérieur du tube (*fig. 7*).

Dans l'industrie on emploie pour le même but de grands appareils en cuivre, pouvant avoir jusqu'à 10 mètres de hauteur, formés d'une chaudière chauffée à la vapeur, d'une colonne à plateaux dans laquelle s'élèvent les vapeurs en barbotant dans le liquide condensé, d'un condenseur qui renvoie sur les plateaux les deux tiers par exemple de la vapeur et ne laisse passer que les portions les plus volatiles, celles-ci vont au réfrigérant et sont recueillies (*fig.* 8).

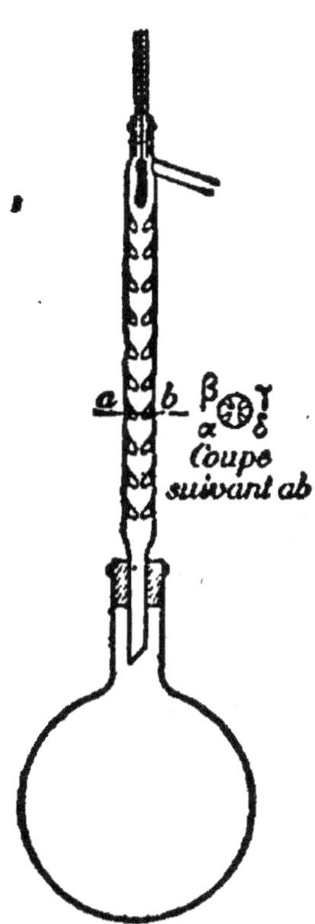

Fig. 7. — Appareil de rectification de Vigreux.

Comme une température trop élevée peut altérer les substances peu volatiles, on abaisse les températures d'ébullition en opérant dans le vide ou tout au moins sous pression réduite. Ainsi, c'est sous pression réduite que s'effectue, dans l'appareil à triple effet, la concentration des jus sucrés de betteraves (*fig.* 9).

Une variation de pression peut d'ailleurs modifier la volatilité relative de deux substances, parfois même en changer le sens ; ainsi l'alcool moins volatil que le benzène à la pression de 222^{mm}, car il bout alors à 50° et le benzène à 45°, est au contraire plus volatil sous la pression de 2256^{mm} : il bout alors à 106° et le benzène à 120°.

Au lieu de réduire la pression, on peut entraîner les vapeurs par un gaz inerte ou le plus souvent par la vapeur d'eau.

Ainsi on extrait les essences naturelles en faisant bouillir de l'eau dans une chaudière et envoyant la vapeur dans un récipient contenant de la fleur d'oranger par exemple ; la vapeur d'eau et l'essence entraînée sont condensées dans un serpentin et recueillies dans un vase florentin ou *essencier* (*fig.* 10).

L'essence se rassemble à la partie supérieure tandis que l'eau distillée (eau de fleurs d'oranger) s'écoule constamment.

Parfois l'eau distillée fait retour à la chaudière.

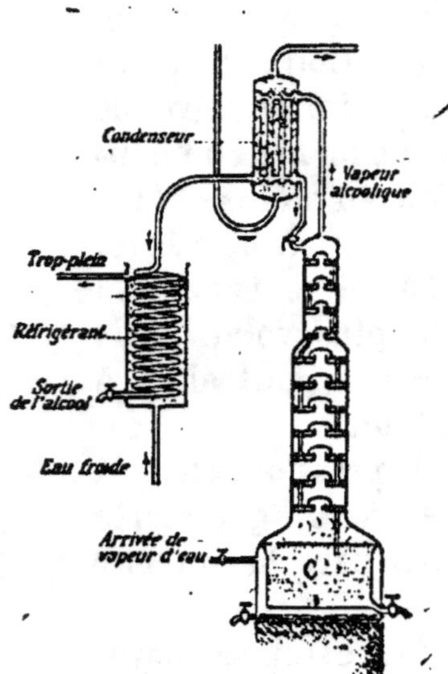

Fig. 8. — Rectification de l'alcool.

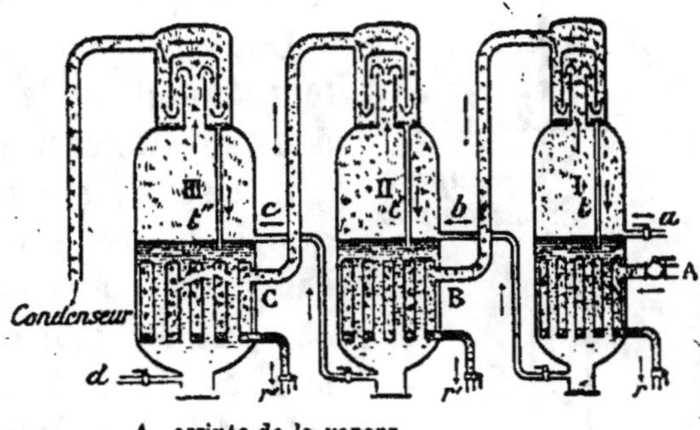

A   arrivée de la vapeur.
a   arrivée du jus sucré à   5° Baumé.
b   —   —   —   10°   —
c   —   —   —   15°   —
d   départ du sirop à   22°   —
r, r', r"   pompes.
t, t', t"   reflux du jus entraîné.

Fig. 9. — Appareil à triple effet.

Enfin, après les procédés physiques, viennent les *méthodes chimiques* et plus particulièrement l'emploi des réactifs neutres, basiques ou acides. C'est ainsi que, pour extraire *l'acide citrique* du jus de citron fermenté, on traite par la chaux qui précipite du citrate de calcium ; de même, pour séparer le phénol des goudrons de houille, on le reprend par une lessive de soude caustique.

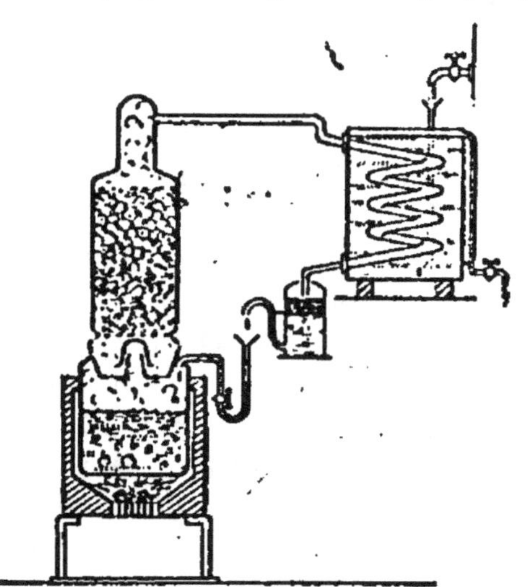
Fig. 10. — Distillation des essences.

10. Caractères des corps purs. — Une matière pure, c'est-à-dire unique, doit d'abord être chimiquement *homogène*, c'est-à-dire chimiquement semblable à elle-même en toutes ses parties. Ainsi l'eau pure peut exister, dans des conditions déterminées de température et de pression, en trois phases distinctes : liquide, glace et vapeur. Mais chacune de ces trois phases n'est qu'une seule et même matière, ayant même composition chimique. *Les phases distinctes d'une matière unique sont chimiquement identiques.*

L'eau sucrée n'est pas une matière unique ; c'est seulement une phase unique, une *solution :* car l'eau sucrée soumise à l'évaporation subit un *fractionnement* en deux phases distinctes et de compositions différentes : l'eau et le sucre.

Le fractionnement n'est cependant pas un critérium du simple mélange. Car les matières les plus pures, les plus stables peuvent se fractionner ; ainsi le carbonate de calcium se décompose à haute température en chaux et gaz carbonique.

Le non fractionnement n'est pas non plus un critérium de

la pureté, car bien des corps que l'on a cru d'abord définis et purs ont été reconnus plus tard pour n'être que des mélanges.

C'est ainsi, par exemple, qu'une solution de sel marin à 33 °/₀ se congèle à — 21°; la température reste constante pendant tout le temps que dure la solidification, le solide a exactement la même composition que la solution liquide. Bref, le *mélange eutectique* de glace et de sel paraît avoir les caractères d'un corps pur.

De même, une solution aqueuse de gaz chlorhydrique, à 20 °/₀, distille sous la pression normale de 760ᵐᵐ à la température invariable de 110°; la phase vapeur et la phase liquide ont en effet la même composition. Il semble donc que cette solution se comporte à la distillation comme un corps pur, puisqu'elle ne subit pas de fractionnement.

En fait, si on fait varier la pression d'une manière continue, la température de fusion des mélanges eutectiques, la température d'ébullition du mélange d'eau et de gaz chlorhydrique, et aussi la composition de ces mélanges, varient d'une *manière continue*.

En d'autres termes, la solution chlorhydrique à 20 °/₀ subit le fractionnement dès qu'on la distille sous une pression autre que la pression atmosphérique normale. Ce n'est donc pas un composé défini.

En résumé, on peut considérer pratiquement comme purs *les corps qui, dans un assez large domaine de conditions variées, résistent au fractionnement, qui se retrouvent identiques à eux-mêmes malgré toutes les tentatives de purification qu'on peut leur faire subir, dans les conditions où ils ne se décomposent pas.*

11. Corps simples et corps composés. — L'oxygène et le mercure mis en présence à 300° donnent naissance à un corps unique, l'oxyde de mercure : c'est l'expérience de Lavoisier ; l'oxyde rouge à son tour chauffé à 400°, se dédouble en mercure et oxygène : c'est une préparation de l'oxygène.

Nous dirons que l'oxyde rouge est une matière composée de mercure et d'oxygène.

Comme on n'a jamais pu dédoubler ni le mercure ni l'oxygène, on dit que ce sont des *corps simples*, ou encore des *éléments*. On appelle corps simples ceux qu'on n'a pu décomposer d'aucune façon.

Cette distinction fondamentale des éléments et des composés est à la base de la chimie.

Il peut paraître que la définition donnée des éléments est purement empirique et laisse le champ ouvert à toutes les tentatives de dédoublement.

Cependant si l'on peut admettre que ces éléments sont des modes de condensation de matières plus simples encore, il faut considérer comme certain que leur formation ou leur dédoublement obéissent à des lois toutes différentes de celles de la formation des corps composés à partir des corps simples, puisque la transformation de ce genre qui paraît actuellement la plus nette, celle du radium en hélium, se fait avec mise en liberté d'une quantité d'énergie formidable, hors de proportion avec les quantités d'énergie mises en jeu par les autres réactions chimiques.

Les corps simples connus sont aujourd'hui au nombre de 80 environ ; l'analyse spectrale nous apprend qu'ils entrent aussi dans la constitution des astres.

CHAPITRE II

LOIS FONDAMENTALES. PRINCIPE DES NOTATIONS

12. Loi de la conservation de la masse. — Lavoisier a montré que si deux éléments s'unissent en un composé, le poids (ou la masse) du composé est égal à la somme des poids (ou des masses) des composants.

Plus généralement, *lorsqu'un système isolé éprouve une transformation quelconque, la masse totale du système reste invariable.*

Lavoisier a vérifié cette loi dans les conditions les plus variées en effectuant diverses réactions dans des vases clos et tarés et constatant que, malgré les dégagements de chaleur et autres phénomènes énergétiques accompagnant les réactions, le poids total du système reste invariable.

Des déterminations semblables ont été effectuées à Berlin par Landolt ; aucun écart n'a pu être observé, de l'ordre de précision des balances les plus parfaites.

On pourrait, par exemple, imaginer qu'à l'un des plateaux d'une balance soit suspendu un tube en Λ hermétiquement clos et contenant dans chacune des branches deux substances susceptibles de donner lieu à une réaction, par exemple deux solutions, l'une de chlorure de calcium, l'autre de carbonate de sodium. Si on mélange les deux liqueurs, on voit apparaître un précipité de carbonate de calcium sans que l'équilibre de la balance soit modifié.

De même on peut vérifier que la combustion du phosphore

dans un récipient clos n'est accompagnée d'aucune variation de masse (*fig.* 11).

En fait, la loi de la conservation doit être plutôt considérée comme un *principe* vérifié *a posteriori* par les résultats concordants des analyses. On peut donc affirmer que ce principe est exact dans la mesure de nos moyens d'observation et dans la limite de précision de la balance, c'est-à-dire à un dix-millionnième près.

Ce qui a été directement vérifié, c'est la conservation du poids; mais comme l'accélération de la pesanteur est en un même lieu la même pour tous les corps, avant comme après la combinaison, la conservation du poids entraîne celle de la masse. Comme d'autre part on ne mesure jamais en chimie que des rapports de *poids* ou de *masses,* c'est-à-dire en définitive. des *nombres,* Il serait tout à fait puéril qu'un chimiste attachât plus d'importance à telle ou telle de ces deux expressions.

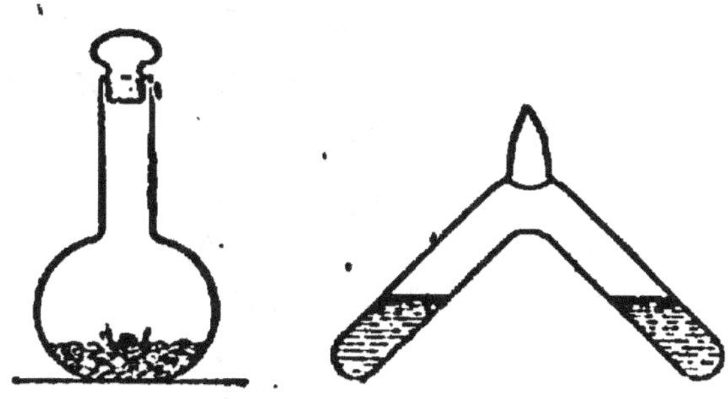

Fig. 11. — Réactions effectuées en vases clos.

13. Loi des proportions définies (Proust). — En fondant ensemble des proportions variées de sable, de soude et de craie, on obtient des *verres* dont les propriétés et la composition varient de façon continue entre certaines limites. Les verres sont des *solutions* réciproques de divers silicates.

Si au contraire on met en présence des proportions quelconques d'oxygène et d'hydrogène, ces deux gaz ne se combinent néanmoins que dans des proportions déterminées et qu'il est impossible de faire varier si peu que ce soit d'une *façon continue.* Par contre, la réaction terminée, il est facile d'isoler du mélange une matière de propriétés constantes présentant tous les caractères d'un *corps pur* : c'est l'eau.

Eh bien ! l'eau, matière pure, espèce chimique, a toujours exactement la même composition, savoir 16 d'oxygène pour 2,02 d'hydrogène. C'est en cela que consiste la loi des proportions définies.

Les poids de deux corps qui entrent en combinaison sont entre eux dans un rapport déterminé, c'est-à-dire dans un rapport qui ne peut varier de façon continue.

C'est là la distinction fondamentale entre la combinaison et la solution. De sorte qu'en réalité, la loi de Proust a le caractère d'une définition autant que d'une loi (¹).

14. Loi des proportions multiples (Dalton). — On prépare facilement à l'état de pureté *deux* oxydes de cuivre ; l'un est noir, l'autre est rouge ; le premier renferme en poids 79,9 °/₀ de cuivre, le second renferme 88,8 °/₀.

Dans ces deux composés, un même poids 1 d'oxygène est combiné avec 3,975 de cuivre dans l'oxyde noir et 7,95 de cuivre dans l'oxyde rouge, c'est-à-dire avec des poids de cuivre qui sont entre eux exactement comme 1 est à 2.

De même, dans la série des composés oxygénés de l'azote, un même poids d'azote s'unit avec des poids d'oxygène qui sont entre eux comme les nombres 1, 2, 3, 4, 5, 6.

Si deux corps peuvent donner plusieurs composés purs, les poids du premier qui se combinent avec un même poids du second sont entre eux comme des nombres entiers généralement simples.

On a ainsi plusieurs proportions dont chacune est déterminée comme le veut la loi de Proust.

Bien entendu, si le nombre des composés est très grand,

---

(1) La loi consiste en cet énoncé qu'il existe des corps satisfaisant à la définition.

comme c'est le cas par exemple pour les carbures d'hydrogène, les nombres qui représentent les rapports de composition ne sauraient être simples et la loi échappe à toute vérification expérimentale, puisque tout nombre peut se mettre
approximativement sous la forme d'une fraction; mais cette
objection, un peu spécieuse, n'enlève rien à la portée d'une
grande loi naturelle.

Il reste remarquable que les poids de cuivre qui se combinent à un même poids d'oxygène soient entr'eux dans un
rapport simple, que l'oxygène et le cuivre ne puissent se
combiner que suivant deux proportions déterminées.

En d'autres termes, pour former des composés définis,
deux ou plusieurs corps simples ne peuvent s'unir qu'en de
certaines proportions déterminées, non susceptibles de variation continue.

On voit donc que les deux lois des proportions définies et
des proportions multiples sont des *lois de discontinuité* par
opposition à la continuité des propriétés et de la composition
des solutions.

15. Loi des poids proportionnels (Richter). — Un
même poids d'hydrogène, 3^s, se combine avec 14^s d'azote
pour donner du gaz ammoniac, et avec 24^s d'oxygène pour
donner de l'eau.

Lorsque l'azote et l'oxygène se combinent, c'est à raison de :

14^s d'azote pour 24^s d'oxygène, pour former l'anhydride
azoteux ;

14^s d'azote pour $24^s \times \dfrac{2}{3}$ d'oxygène, pour former l'oxyde
azotique ;

14^s d'azote pour $24^s \times \dfrac{1}{3}$ d'oxygène, pour former l'oxyde
azoteux ; etc.

*En général, si a et b sont les poids de deux corps qui s'u-
nissent à un même poids d'un troisième, ces deux corps se
combinent entre eux dans le rapport $\dfrac{a}{b}$, ou plus générale-*

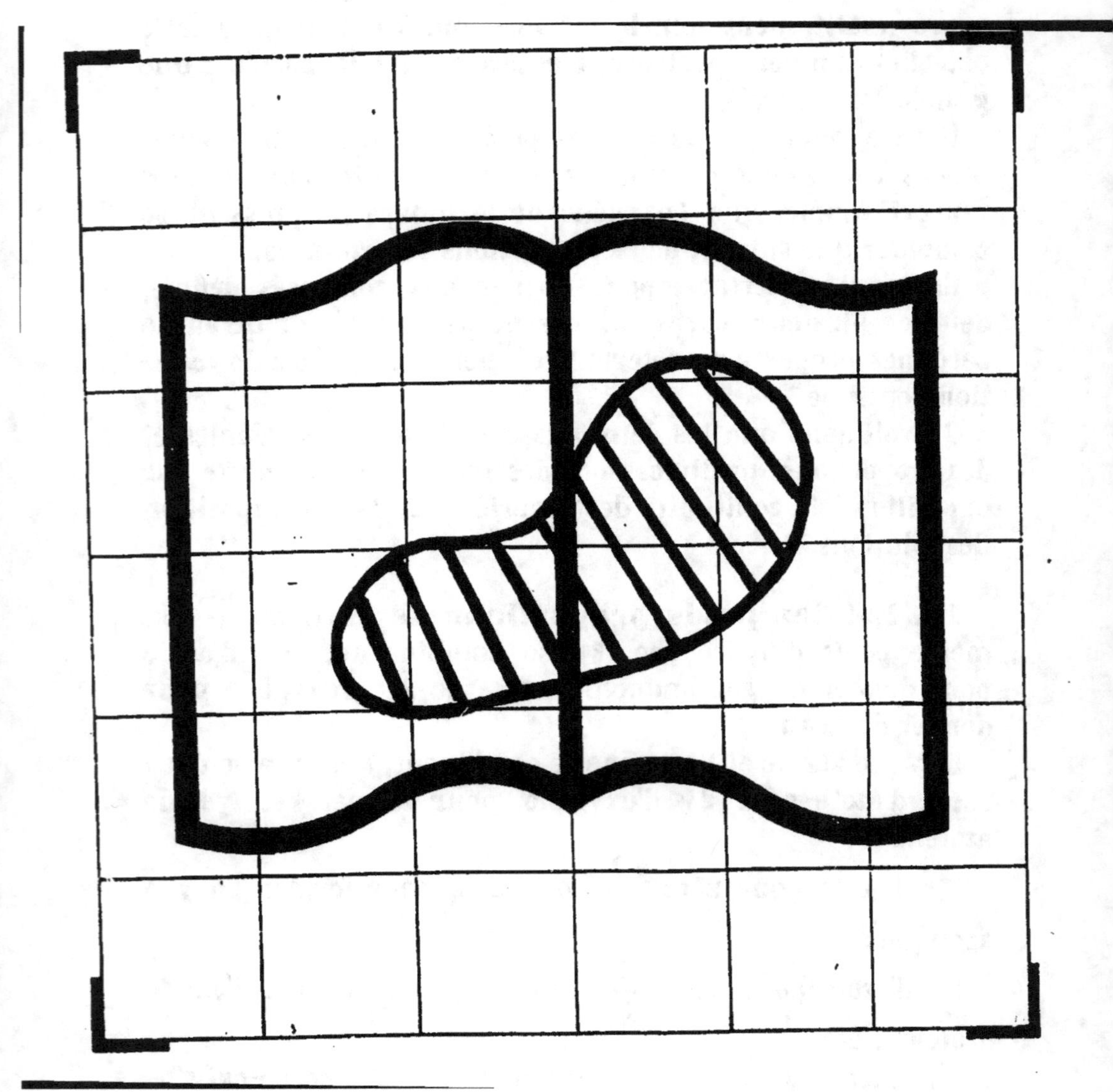

ment dans des rapports $\dfrac{ma}{nb}$, *m et n étant des nombres entiers généralement simples.*

16. Nombres proportionnels. — La loi des poids (ou des nombres) proportionnels conduit immédiatement à la construction d'une *table de nombres proportionnels.*

Si on a déterminé en effet les poids des différents éléments qui se combinent avec un même poids de l'un d'eux, 16^g d'oxygène par exemple, on connaîtra dès lors, à des multiples simples près, les proportions suivant lesquelles ces éléments se combinent.

Ainsi, 16^g d'oxygène se combinant avec 63^g,6 ou avec 127^g,2 de cuivre, nous serons conduits à attribuer au cuivre les nombres 63,6 ou 127,2 suivant que nous aurons égard à l'oxyde noir ou à l'oxyde rouge. Ces nombres, 16 pour l'oxygène, 63,6 pour le cuivre, etc., qui représentent, à des multiples simples près, des poids des divers corps susceptibles de se combiner les uns aux autres, s'appellent *nombres proportionnels.* La somme 16 + 63,6 est un nombre proportionnel pour l'oxyde de cuivre.

17. Symboles chimiques. — **Tables de nombres proportionnels.** — Pour préciser le mécanisme des réactions chimiques, on choisit pour chaque élément un seul nombre proportionnel qu'on appelle son poids atomique, et on représente ce poids atomique par un *symbole* formé d'une ou plusieurs lettres dont une seule majuscule; ainsi O représente 16 unités de poids d'oxygène, H représente 1,01 d'hydrogène. Le choix des nombres proportionnels qu'on adopte comme poids atomiques repose sur les conventions que nous expliquerons plus loin. Nous donnons en tête de cet ouvrage une table des poids atomiques couramment utilisés dans les calculs de chimie.

Dans cette table, *par définition,* on a pris 16 pour poids proportionnel de l'oxygène ; *la composition* de l'eau nous conduit à prendre pour l'hydrogène 2,02 ou la moitié 1,01.

On n'est d'ailleurs arrivé à cette convention qu'après de longs tâtonnements : le choix du nombre proportionnel qui est le point de départ est évidemment arbitraire ; on avait d'abord adopté 100 pour l'oxygène ; puis en considération de ce que les nombres proportionnels de l'hydrogène sont plus petits que ceux des autres corps, on a essayé de constituer un système où l'on prend comme point de départ le nombre proportionnel ou poids atomique de l'hydrogène égal à l'unité. Cette quantité d'hydrogène s'unissant à 7ᵍ,95 d'oxygène dans l'eau et à 15ᵍ,9 dans l'eau oxygénée, il fallait adopter l'un de ces derniers nombres comme poids atomique de l'oxygène. Mais les nombres proportionnels étant déterminés très souvent par l'analyse de composés oxygénés, on a trouvé plus commode de tout rapporter à l'oxygène et de représenter par un nombre entier son nombre proportionnel ; afin de conserver pour l'hydrogène un poids atomique peu différent de l'unité, on prend $O = 16$. (Voir la détermination de la composition de l'eau, page 20.)

Nous allons tout d'abord expliquer la détermination de quelques nombres proportionnels.

Nous expliquerons plus loin (pages 23 à 28), comment on choisit, parmi ceux d'un même corps, celui qu'il convient de prendre comme poids atomique. Si dans ces déterminations nous utilisons quelques formules chimiques, c'est pour faciliter l'exposé ; mais elles ne sont nullement indispensables.

Au fond tout va se réduire à fixer les poids des divers corps qui se combinent à 16 unités de poids d'oxygène.

CHAPITRE III

DÉTERMINATION DES NOMBRES PROPORTIONNELS

18. Détermination numérique de quelques nombres proportionnels. — Hydrogène. — La valeur numérique des nombres proportionnels résulte de la détermination exacte de la composition pondérale de certains composés bien définis. Ainsi on déduit le nombre proportion-

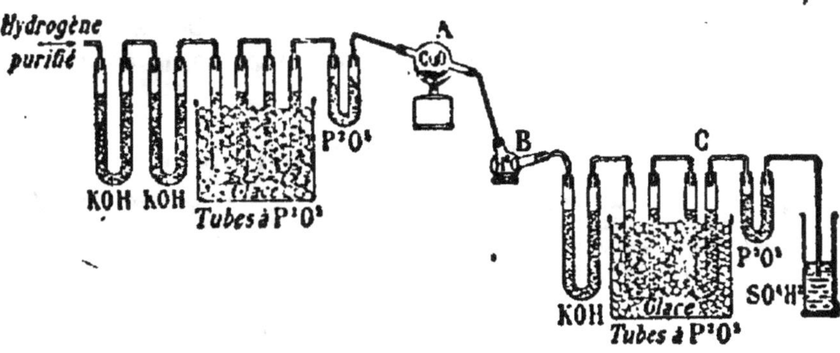

Fig. 12. — Appareil de Dumas pour la synthèse de l'eau.

nel de l'hydrogène de la composition de l'eau en poids. On chauffe de l'oxyde cuivrique pur et sec dans un courant d'hydrogène également pur et sec. Il se fait la réaction

$$CuO + H^2 = Cu + H^2O.$$

La perte de poids du ballon A qui renfermait au début l'oxyde de cuivre mesure le poids d'oxygène, combiné à l'hydrogène.

La vapeur d'eau formée se condense en partie dans un

ballon B et ce qui échappe est arrêté par des tubes C à anhydride phosphorique. Ballon et tubes ont été tarés d'avance. Leur augmentation de poids donne le poids de l'eau formée. Ayant les poids d'oxygène et d'eau, on a le poids d'hydrogène par différence.

On trouve ainsi que pour 16 d'oxygène l'eau renferme 2,017 d'hydrogène.

19. Carbone. — De même on détermine le poids atomique du carbone, en faisant brûler dans un courant d'oxygène pur et sec, un poids déterminé de charbon pur, de diamant par exemple. Les gaz de la combustion passent sur une colonne d'oxyde de cuivre noir chauffé à 400°, en vue de transformer en gaz carbonique les petites quantités d'oxyde de carbone qui auraient pu se former.

On a donc la réaction

$$C + O_2 = CO_2 ;$$

on recueille le gaz carbonique formé dans des tubes à potasse et on a ainsi le poids de ce gaz. Ayant les poids de charbon

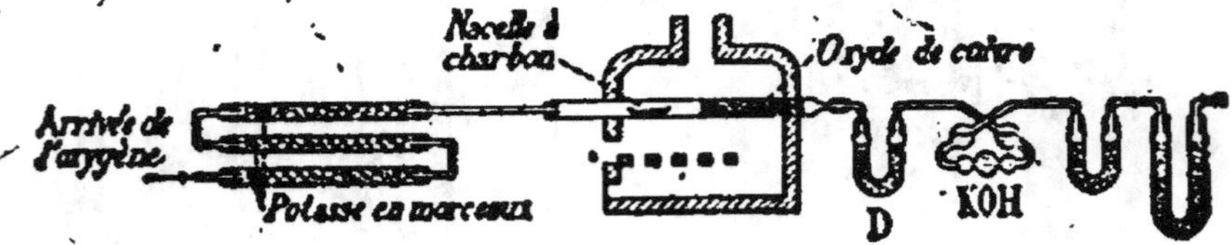

Fig. 13. — Synthèse de l'anhydride carbonique.

brûlé et de gaz carbonique produit, on a, par différence, le poids d'oxygène. On trouve ainsi que pour 16 d'oxygène, le gaz carbonique renferme exactement 6 de carbone.

En réalité, le charbon le plus pur, renferme des cendres, qui n'interviennent pas dans les pesées, puisqu'on tare la nacelle avant et après l'opération. Mais il contient aussi des traces d'hydrogène qui, en brûlant, donneront de l'eau. Celle-ci sera arrêtée par un tube desséchant D, que l'on a taré. L'augmentation de poids de ce tube sera divisée par 9 pour avoir le poids de l'hydrogène à retrancher du poids trouvé pour le charbon brûlé.

20. Argent, Potassium et Chlore. — Le poids atomique du chlore est une donnée de première importance ; mais les composés oxygénés du chlore sont généralement peu stables et d'une purification difficile.

Par contre le chlore donne avec les métaux des chlorures bien définis et, avec l'oxygène et le potassium, un composé ternaire très bien cristallisé et très pur, le chlorate de potassium.

Ce sel, soumis avec précaution à l'action progressive de la chaleur, se décompose en oxygène et chlorure de potassium ; on trouve ainsi que, dans le chlorate de potassium, 16 d'oxygène sont unis à 24,85 de chlorure de potassium.

Pour analyser celui-ci, on amène à l'état de chlorure d'argent, sel absolument insoluble, la totalité du chlore qu'il renferme. A cet effet, on en dissout dans l'eau un poids déterminé, on ajoute un très léger excès d'azotate d'argent et on pèse exactement le chlorure d'argent précipité.

On trouve ainsi que 24^s,85 de chlorure de potassium donnent 48^s,78 de chlorure d'argent.

Il reste à établir la composition de ce dernier sel. A cet effet, on prend un poids déterminé d'argent pur et on le transforme en chlorure d'argent, soit en le chauffant dans un courant de chlore pur et sec, soit en dissolvant le métal dans de l'acide azotique dilué et précipitant ensuite la totalité de l'argent sous forme de chlorure d'argent, en ajoutant un léger excès d'un chlorure dissous.

On pèse le chlorure d'argent formé et on trouve ainsi que 48,78 de chlorure d'argent sont formés de 36,96 d'argent et, par différence, de 11,82 de chlore. Donc 24,85 de chlorure de potassium renferment 11,82 de chlore et, par différence, 13,03 de potassium.

Finalement le chlorate de potassium a la composition suivante :

Oxygène   16,
Chlore   11,82,
Potassium   13,03.

Comme vérification, on peut décomposer le chlorate d'argent et constater que le poids de ce sel qui dégage 16⁶ d'oxygène laisse bien un résidu de 48ᵍ,78 de chlorure d'argent.

En résumé, nous avons déterminé les nombres proportionnels de l'argent, du potassium et du chlore, c'est-à-dire les poids de ces corps qui se combinent à 16 d'oxygène.

En réalité et pour des raisons que nous exposerons dans le chapitre suivant, on prend pour poids atomiques les valeurs

$$Cl = 11,82 \times 3 = 35,46,$$
$$K = 13,03 \times 3 = 39,10,$$
$$Ag = 35,96 \times 3 = 107,88.$$

21. Méthode des chlorures. — Le chlorure d'argent intervient dans la détermination d'un grand nombre de poids proportionnels. Il y a là une méthode très générale, la *méthode des chlorures*.

Soit à déterminer par exemple le nombre proportionnel du sodium. On prend un poids déterminé de chlorure de sodium pur, on le dissout dans l'eau, on ajoute un léger excès d'azotate d'argent et on pèse le chlorure d'argent formé. On en déduit facilement la composition centésimale du chlorure de sodium et on trouve ainsi que dans ce sel, 35ᵍ,46 de chlore sont unis à 23ᵍ de sodium; 23 est donc le nombre proportionnel du sodium.

CHAPITRE IV

DÉTERMINATION DES POIDS ATOMIQUES
ET DES POIDS MOLÉCULAIRES

22. Formules. — Équations. — Dans les tables de nombres proportionnels, à chaque nombre proportionnel correspond comme nous l'avons expliqué plus haut (§ 17) un certain symbole ; si le symbole O représente une masse 16 d'oxygène, le symbole S réprésente 32 de soufre, l'unité de masse étant d'ailleurs quelconque.

La formule SO^2 représente 64 de gaz sulfureux formés de 32 de soufre et de 32 d'oxygène.

L'équation $KOH + HCl = KCl + H^2O$
exprime que 56 de potasse et 36,5 d'acide chlorhydrique forment, en se combinant, 74,5 de chlorure de potassium et 18 d'eau (en prenant pour les poids atomiques les valeurs approchées usuelles).

Une équation chimique est l'expression symbolique de la loi de la conservation de la masse.

En fait une semblable équation exprime quelque chose de plus, à savoir que les *masses des corps simples, considérés isolément, se conservent* dans leurs divers composés. Et en effet toutes les fois qu'il est possible de retirer un élément en totalité d'une combinaison où on l'a engagé, on retrouve cet élément avec sa masse primitive.

23. Systèmes rationnels de notations chimiques. — Les poids proportionnels ne sont fixés par l'analyse qu'à un multiple près. Le nombre des systèmes de notations chimiques semble donc indéterminé.

Pratiquement on impose à tout système les conditions suivantes :

1° Les formules des composés les plus simples (l'eau, les oxydes métalliques) doivent être *autant que possible* simples. On n'aurait pas l'idée de prendre $Cu = 63,5 \times 25$ et d'écrire l'oxyde noir $Cu\,O^{25}$;

2° Les formules adoptées doivent se prêter à une explication simple des propriétés les plus importantes : transformations, dédoublements, etc.

Dès lors, les composés analogues doivent avoir des formules semblables, autrement dit, le système adopté doit respecter les *analogies chimiques*.

On verra dans la suite que le système dit de la *Notation atomique* satisfait à ces conditions.

Dans ce système les *symboles* représentent des *nombres* que l'on appelle des *poids atomiques* ; ainsi 32 est le *poids atomique* du soufre.

Les *formules* des composés représentent également des *nombres* que l'on appelle des *poids moléculaires* : ainsi 98 est le *poids moléculaire* de l'acide sulfurique, SO^4H^2.

Il nous arrivera même d'employer, pour abréger, l'expression d'*atome* ou de *molécule* au lieu de *poids atomique* ou de *poids moléculaire*. Il est entendu que, *pour le moment*, nous n'attachons à ces expressions aucune signification hypothétique relative à la constitution de la matière.

Quand il nous arrivera enfin de dire : « faisons agir une molécule de tel corps sur deux molécules de tel autre », cela voudra dire en abrégé : « mettons en présence des poids de ces deux corps qui soient respectivement proportionnels au poids moléculaire de l'un et au double du poids moléculaire de l'autre ».

24. Détermination des poids atomiques et des poids moléculaires. — Poids moléculaire du benzène. — Les considérations précédentes conduisent à la détermination des poids atomiques des éléments et des poids moléculaires des composés.

Soit, par exemple, le benzène.

L'expérience nous apprend :

1° que ce corps renferme pour 1 d'hydrogène, 12 de carbone ;

2° qu'il donne avec le chlore *six* produits de substitution contenant respectivement, pour 12 de carbone,

$$\frac{35,5}{6}, \quad 2 \times \frac{35,5}{6}, \quad \text{etc., jusqu'à} \quad 6 \times \frac{35,5}{6} \quad \text{de chlore qui}$$

ont remplacé $\frac{1}{6}$, $\frac{2}{6}$, etc., jusqu'à $\frac{6}{6}$ d'hydrogène.

Ainsi, dans le benzène, l'hydrogène est remplaçable par *sixièmes*, d'où l'alternative pour nous, ou d'écrire des formules fractionnaires, ou de représenter le benzène par une formule en H⁶. C'est évidemment la seconde convention qui s'impose ; cela revient à admettre que la molécule de benzène renferme 72 de charbon et 6 d'hydrogène. Pour la même raison, le méthane donnant quatre dérivés chlorés, la molécule de méthane doit renfermer 12 de carbone et 4 d'hydrogène.

Si nous prenons pour poids atomique du carbone $C = 12$, la formule du méthane sera CH^4, celle du benzène C^6H^6.

Si nous avions pris $C = 24$, la formule du méthane eût été CH^2, ce qui eût été contraire au fait que le méthane donne quatre, et non pas huit, dérivés chlorés.

Autrefois, par contre, on prenait $C = 6$, et on écrivait le méthane C^2H^4. Toutes les molécules des composés du carbone renfermaient un nombre pair d'atomes de carbone, les formules offraient de ce chef une complication inutile. Il est donc plus rationnel de prendre $C = 12$.

En fait, le poids atomique d'un élément est le plus grand commun diviseur des poids de cet élément qui entrent dans les poids moléculaires de ses composés. On prend 12 comme poids atomique du carbone parce que les poids moléculaires des composés du carbone contiennent tous un poids de carbone égal à 12 ou à un multiple entier de 12.

Quant au poids moléculaire, il résulte de la discussion des propriétés chimiques du composé et de la préoccupation de donner à ce composé une formule qui rappelle le plus claire-ment ces propriétés.

En somme. le poids moléculaire d'un composé est un nombre choisi de façon à représenter ce corps par une formule rappelant le mieux possible les réactions qu'il peut subir.

On voit donc que les grandeurs *atomiques* et *moléculaires n'ont rien d'absolu.* Elles restent soumises à la libre discussion et au contrôle de l'expérience. Les comprendre autrement serait méconnaître le caractère purement expérimental de la chimie.

Cependant. en pratique, on doit considérer que les poids atomiques et les poids moléculaires de la plupart des corps sont connus aujourd'hui avec un très haut degré de probabilité.

Il existe en effet entre ces grandeurs et les constantes physiques, des relations d'une grande généralité. conduisant de *plusieurs manières indépendantes* à une détermination tout au moins approchée de ces nombres. La concordance des résultats ainsi obtenus par des voies diverses, donne à la plupart d'entre eux le caractère d'une évaluation certaine. Toutefois, il ne faut pas perdre de vue que les poids atomiques et moléculaires sont du domaine de la chimie et que leurs déterminations par des procédés physiques ne peuvent être acceptées qu'autant qu'elles conduisent à des *formules rationnelles,* c'est-à-dire *conformes aux propriétés* et *aux analogies chimiques.*

Aussi avant d'aborder la détermination des poids moléculaires par des méthodes physico-chimiques, allons-nous étudier quelques autres déterminations par de simples considérations chimiques.

25. Poids moléculaires de l'acide azotique et de l'acide sulfurique. — Pour prendre un autre exemple emprunté à la chimie minérale ; considérons les deux acides azotique et sulfurique.

Le premier, formé, pour 1 d'hydrogène, de 14 d'azote et de 48 d'oxygène. donne, avec la potasse caustique, un seul sel l'azotate de potassium ou salpêtre, très bien défini et très bien cristallisé. La formule NO^3H, avec $N = 14$, explique bien que l'acide azotique est un acide simple, donnant une seule série de sels.

L'acide sulfurique est formé, pour 1 d'hydrogène, de 16 de soufre et de 32 d'oxygène. Mais il donne avec la potasse deux sels, savoir :

1° Le sulfate neutre, formé de 16 de soufre, 32 d'oxygène et 39 de potassium ;

2° Le sulfate acide ou bisulfate, formé de 1 d'hydrogène, de 39 de potassium, 32 de soufre et 64 d'oxygène.

En d'autres termes, dans la molécule d'acide sulfurique, l'hydrogène est remplaçable par moitié ; la formule de l'acide sulfurique est donc en H^2 ; le poids moléculaire est 98 ; renfermant 32 de soufre.

Or 32 est le plus grand commun diviseur des poids de cet élément entrant dans les molécules des divers composés du soufre. On prend donc $S = 32$ pour poids atomique de cet élément et la formule de l'acide sulfurique est alors SO^4H^2.

Si on prend maintenant $K = 39$ pour poids atomique du potassium, SO^4K^2 et SO^4KH seront les formules des deux sulfates neutre et acide.

Enfin ce n'est pas tout, par l'action du perchlorure de phosphore sur le nitrate d'argent on obtient du chlorure d'azotyle, NO^2Cl, c'est-à-dire un dérivé de NO^2OH où OH est remplacé par Cl.

Il existe un seul chlorure d'azotyle, tandis que pour l'acide sulfurique $SO^2(OH)^2$, il existe un chlorure de sulfuryle, SO^2Cl^2, et un produit intermédiaire, la chlorhydrine sulfurique, $SO^4(OH)Cl$, où un seul OH est remplacé par un seul Cl.

26. Poids moléculaire de l'acide acétique. — Rien ne mettra mieux en valeur l'idée que la détermination des poids moléculaires reste soumise à la discussion que l'étude de l'acide acétique.

D'après l'analyse élémentaire, on trouve que la formule la plus simple est CH^2O. Mais puisque ce corps est un acide organique, il doit, comme nous le verrons plus loin, renfermer dans sa molécule, une ou plusieurs fois, le groupement fonctionnel CO_2H. Il faut donc au moins doubler la formule et écrire l'acide acétique $C_2H_4O_4$, ou mieux $CH_3 . CO_2H$.

Cette formule signifie que l'acide acétique est un acide simple. Nous verrons en effet que cet acide donne avec l'ammoniaque, après élimination d'eau, un *seul amide, l'acétamide*, $CH_3CO.NH_2$; il donne de même avec les chlorures de phosphore un *seul chlorure d'acide*, $CH_3CO.Cl$; il donne enfin avec l'alcool ordinaire ou éthylique un *seul éther, l'acétate d'éthyle* et avec chacun des nombreux alcools analogues à l'alcool éthylique, un seul éther.

La nature simple de l'acide acétique et dès lors sa formule CH_3CO_2H sont donc établies sans conteste par la considération de réactions nombreuses et très importantes.

Au lieu de cette grande simplicité, la considération des acétates métalliques offre une grande complication ; on connaît notamment de nombreux acétates d'ammonium, trois acétates de potassium, trois acétates de sodium, comme si 'acide acétique était un acide triple de formule $(CH_3CO_2H)_3$, la considération des densités de vapeur vers 120° nous conduira d'autre part à la formule doublée $(CH_3CO_2H)_2$.

Mais puisque la notation symbolique a pour principal objet de présenter sous une forme simple les faits essentiels, les particularités mentionnées en dernier lieu ne suffisent pas à légitimer l'adoption d'une formule plus complexe, qui masquerait le caractère indiscutable d'acide simple présenté par l'acide acétique dans ses composés organiques.

On explique l'anomalie de sa densité de vapeur (§ 30) en admettant qu'à température peu élevée deux molécules d'acide acétique peuvent se combiner l'une à l'autre, ce qui s'appelle une *polymérisation*. La constitution des acétates métalliques s'explique en admettant que cette tendance des molécules d'acide acétique à se grouper en molécules plus complexes persiste, dans une certaine mesure, dans les acétates métalliques.

CHAPITRE V

DÉTERMINATION DES POIDS MOLÉCULAIRES
PAR DES CONSIDÉRATIONS PHYSICO-CHIMIQUES

27. Lois de Gay-Lussac. — Il nous suffira d'en rappeler l'énoncé :

1re **Loi :** *Les volumes de deux gaz qui se combinent, mesurés dans les mêmes conditions de température et de pression, sont entre eux dans un rapport simple.*

Ainsi des volumes égaux d'hydrogène et de chlore se combinent pour donner du gaz chlorhydrique, tandis que l'oxygène se combine à un volume double d'hydrogène pour donner de l'eau.

2me **Loi :** *Le volume d'un composé, pris à l'état de gaz, est dans un rapport simple avec les volumes de ses composants gazeux.*

Ainsi 1 volume d'hydrogène et 1 volume de chlore donnent 2 volumes de gaz chlorydrique ; 1 volume d'azote et 3 volumes d'hydrogène donnent 2 volumes de gaz ammoniac.

28. Loi d'Avogadro. — Il résulte des lois de Gay-Lussac que des volumes *égaux* des divers gaz, mesurés dans les mêmes conditions de température et de pression, représentent, à des multiples simples près, les proportions suivant lesquelles ces divers gaz se combinent les uns aux autres.

Donc les poids différents de ces volumes égaux, autrement dit les densités, constituent un système de nombres proportionnels.

Or, si nous considér ns les poids moléculaires des corps gazeux, poids moléculaires que nous avohs déterminés par des considérations purement chimiques, nous constaterons que, à quelques rares exceptions près, *ces poids moléculaires correspondent à des volumes très sensiblement égaux.*

C'est la *loi d'Avogadro.*

Ainsi les poids moléculaires sont, pour le gaz ammoniac, $NH^3 = 17$; pour le gaz chlorhydrique, $HCl = 36,5$; pour le méthane, $CH^4 = 16$; pour l'acétylène, $C^2H^2 = 26$. Or 17^s d'ammoniac, $36^s,5$ de gaz chlorhydrique, 16^s de méthane, 26^s d'acétylène occupent à $0°$ sous la pression normale de 76^{cm} des volumes très voisins de $22^l,4$.

Puisque le poids moléculaire est représenté par la *formule,* nous voyons que les formules des composés gazeux ou volatils corespondent, dans les mêmes conditions de température et de pression, à des volumes égaux.

On voit combien ceci doit simplifier tous les calculs des volumes de corps gazeux ou volatils qui interviennent dans les réactions chimiques.

29. Poids moléculaire et densité de vapeur. — Les poids moléculaires sont proportionnels aux densités des gaz.

Si on connaît le poids spécifique d'un gaz en grammes par litre à $0°$ et sous la pression normale, on aura une valeur approchée du poids moléculaire en multipliant ce poids spécifique par $22,4$.

Mais puisque l'usage se maintient de rapporter à l'air les densités des corps gazeux, puisque $22^l,4$ d'air pésént dans les conditions normales $28^s,96$, on peut dire que le *poids moléculaire est sensiblement égal à la densité par rapport à l'air multipliée par le facteur* $28,96$.

Il faut reconnaître d'ailleurs que cette définition a l'avantage de ne faire intervenir ni la température ni la pression. Elle s'étend donc très simplement aux composés plus ou :noins volatils.

Par suite, *la mesure des densités de vapeur conduit à une évaluation des poids moléculaires.*

On a pu déterminer ces densités de vapeur même pour des composés peu volatils, les chlorures métalliques par exemple.

Ainsi le glucinium donne un oxyde qui, pour 16 d'oxygène, renferme 9,1 de métal ; les analogies chimiques entre cet oxyde et la magnésie, MgO, d'une part, et l'alumine, Al^2O^3, d'autre part, permettent d'hésiter entre les deux formules GlO et Gl^2O^3. La première correspondrait au poids atomique $Gl = 9,1$, la seconde au poids atomique $Gl = 13,7$.

Or le chlorure de glucinium renferme pour 35,5 de chlore, 4,55 de métal ; sa densité de vapeur indique un poids moléculaire voisin de 80, soit 71 de chlore Cl^2 et 9 de glucinium, ce qui conduit à prendre $Gl = 9,1$. Le chlorure de glucinium sera donc $GlCl^2$, et l'oxyde GlO.

30. Exceptions apparentes à la loi d'Avogadro. — La loi d'Avogadro souffre quelques rares exceptions ; l'une des plus frappantes est présentée par l'acide acétique.

Les considérations chimiques assignent à ce corps la formule CH^3CO^2H, correspondant à un poids moléculaire de 60 et à une densité par rapport à l'air de $\dfrac{60}{28,9} = 2,1$, environ.

C'est en effet la valeur que l'on trouve en mesurant la densité à température suffisamment élevée :

$$2,19 \text{ à } 233° ; \quad 2,12 \text{ à } 254°.$$

Mais si la température s'abaisse, la densité augmente rapidement. Elle est de 3,2 vers 125°. On dit alors qu'il y a *polymérisation*. Nous expliquerons cette anomalie dans l'hypothèse moléculaire en disant que la molécule d'acide acétique en vapeur, d'abord complexe, se dédouble à mesure que la température s'élève en des molécules plus simples satisfaisant à la loi d'Avogadro.

Nous venons de constater l'existence de molécules polymérisées ; étudions maintenant le cas contraire.

Le chlorhydrate d'ammoniaque a une formule NH^4Cl bien établie à laquelle correspond un poids moléculaire de 53,5, et une densité de vapeur par rapport à l'air égale à 1,84.

En fait, on trouve pour la densité de vapeur un nombre voisin de l'unité, correspondant par suite à un poids moléculaire voisin de $\dfrac{53,5}{2}$.

Or la molécule de sel ammoniac ne peut pas contenir un demi-atome de chlore ou d'azote. Il y a là une objection qui paraît insurmontable, mais qui est en réalité bien facile à lever.

A l'état de vapeur le sel ammoniac est en grande partie décomposé ou encore dissocié en gaz ammoniac, NH^3, et gaz chlorhydrique, HCl.

Ceci résulte de, l'expérience classique de Pebal. Dans un tube horizontal chauffons au moyen d'un brûleur, un morceau de sel ammoniac; celui-ci se vaporise. Le tube est partagé en deux portions par une cloison poreuse de porcelaine dégourdie ou d'amiante tassé.

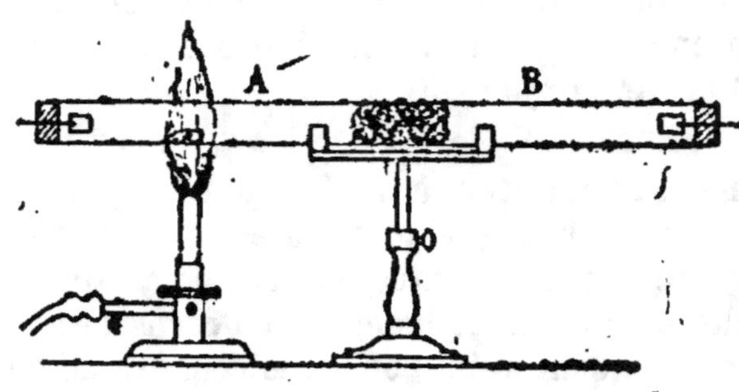

Fig. 11. — Expérience de Pebal.

La vapeur de sel ammoniac se dédouble en gaz chlorhydrique et gaz ammoniac.

Celui-ci, plus léger, traverse plus vite, d'après les lois de l'osmose, la cloison poreuse ; donc dans la partie B du tube c'est l'ammoniac qui domine ; dans la partie A, c'est le gaz chlorhydrique.

Les deux extrémités du tube sont fermées par deux bouchons auxquels sont fixés deux papiers de tournesol légèrement mouillés. Le tournesol rougit en A et bleuit en B.

Si la molécule de sel ammoniac donne deux molécules d'ammoniac et de gaz chlorhydrique, elle occupe un volume double du volume théorique ; donc la densité du mélange est la moitié de la densité théorique normale.

D'ailleurs la dissociation ne se produit qu'en présence

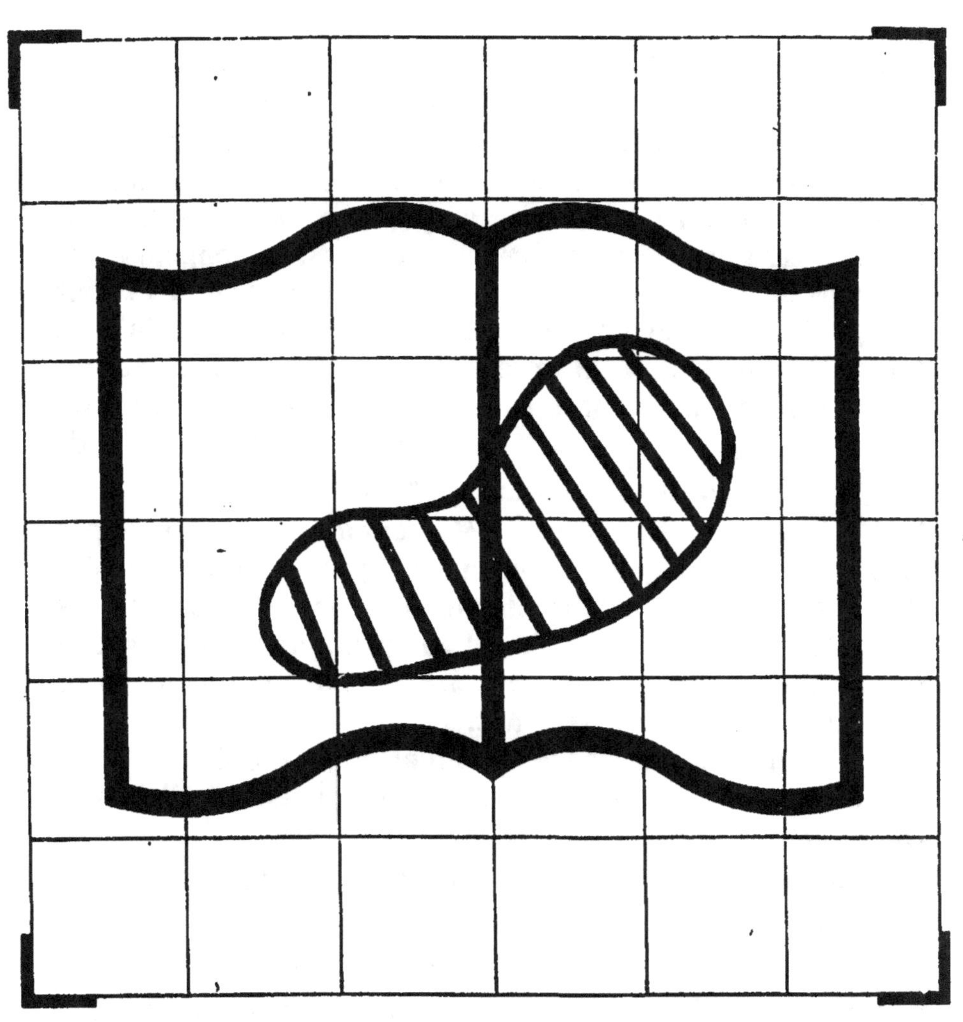

d'une trace de vapeur d'eau. Si on opère dans des conditions de siccité absolue, on observe la densité normale.

En résumé, quand par exception la loi d'Avogadro se trouve en défaut, on dit et on constate qu'il y a association ou dissociation des moléculeschimiques.

31. Cryoscopie. — L'étude des solutions étendues conduit aussi à divers moyens d'évaluer les poids moléculaires.

On sait que la présence d'un corps dissous dans un dissolvant en abaisse le point de congélation. Ainsi l'eau, dont le point de solidification sous la pression normale est pris comme zéro des échelles thermométriques, se congèle à des températures toujours inférieures à 0° quand on y dissout en petite quantité des corps solides ou liquides. Suivant qu'on dissout 1 ou 2 grammes d'alcool dans 100ᵍ d'eau, on obtient des liquides commençant à se congeler respectivement à —0°,4 ou à —0°,8. *L'abaissement du point de congélation est,* dans ces limites, *proportionnel au poids de corps dissous.* C'est une propriété connue depuis longtemps sous le nom de *loi de Blagden.* On appelle *coefficient d'abaissement* l'abaissement obtenu avec 1ᵍ *de corps dissous dans* 100ᵍ *de dissolvant.* On obtient pratiquement ce coefficient en divisant l'abaissement observé par le poids du corps dissous dans 100ᵍ de dissolvant.

Or la même expérience recommencée avec divers corps dans un même dissolvant donne pour coefficient d'abaissement dans l'eau, environ :

0,405 pour   l'alcool   dont le poids moléculaire est   46,
0,198   —   le phénol   —   —   --   94,
0,103   —   le glucose   —   —   —   180.

On voit ainsi que le coefficient d'abaissement diminue quand le poids moléculaire augmente. Bien plus, ces deux grandeurs sont en raison inverse l'une de l'autre, d'où résulte que *le produit du coefficient d'abaissement par le poids moléculaire du corps dissous est constant* pour un même dissolvant ; c'est *la loi de Raoult* sur l'abaissement du point de congélation. Ce produit constant se nomme *abaissement moléculaire* du point de congélation parce qu'il représente l'abaissement que produirait *théoriquement* la dissolution d'une molécule-gramme dans 100ᵉ de dissolvant. Nous disons : théoriquement, parce que la loi de Raoult ne s'applique qu'aux solutions étendues (à 5 °/₀ par exemple). En d'autres termes, si C désigne cet abaissement moléculaire, un poids P d'une substance de poids moléculaire M, dissous dans 100ᵉ du dissolvant, produira un abaissement θ du point de congélation donné par la formule

$$\left(\text{coe}\mathfrak{f}.\ \text{d'ab.}\ \frac{\theta}{P}\right) \times (\text{poids moléc. M}) = \text{constante C}$$

ou
$$\theta = C\,\frac{P}{M}.$$

La loi de Raoult n'est nullement particulière à l'eau. On obtient des résultats analogues avec un très grand nombre de dissolvants, même quand on prend comme liquides des métaux fondus pour dissoudre d'autres métaux. Il suffît pour que cette loi soit applicable, que le coefficient d'abaissement soit déterminé sur des dissolutions étendues de façon à donner un abaissement de l'ordre de 1°, qu'il n'y ait pas de combinaison entre le dissolvant et le corps dissous et que la dissolution ne soit pas un *électrolyte*.

Ainsi le produit constant du coefficient d'abaissement par le poids moléculaire, ou *abaissement moléculaire*, est environ

18,6 pour l'eau	qui se solidifie à 0°,	
50 — le benzène	—	5°,5,
70 — le nitrobenzène	—	5°,3,
39 — l'acide acétique	—	17°,7.

Ayant vérifié qu'un grand nombre de substances, dont le poids moléculaire est bien déterminé par des considérations chimiques, obéissent à la loi de Raoult, on peut inversement utiliser cette loi pour déterminer une valeur approchée du poids moléculaire d'une substance nouvelle. Soit, par exemple, le sucre de lait dont le coefficient d'abaissement dans l'eau est d'environ 0,054. Le produit de ce coefficient par le poids moléculaire inconnu devant être environ 18,6, il faut que ledit poids moléculaire soit environ $\dfrac{18,6}{0,054} = 345$.

En réalité le poids moléculaire du sucre de lait est 342.

32. Quelques indications sur le mode opéra-toire. — On opère pratiquement sur un volume de liquide de 15 à 20^{cm3} placé dans un tube A muni d'un thermomètre de précision permettant d'évaluer le centième de degré et d'un agitateur RR. Ce tube est pourvu d'une tubulure latérale L servant à l'introduction de la substance et entouré d'un autre tube B. Le tout se place dans un liquide dont la température est inférieure d'environ 2° au point de solidification que l'on veut observer. La température s'abaisse presque toujours, par un effet de surfusion, de quelques dixièmes de degré au-dessous de ce point avant que la congélation ne commence. Si l'agitation ne suffit pas à la provoquer, on projette par la tubulure latérale une parcelle du solvant préalablement solidifié.

Le thermomètre remonte jusqu'au point de solidification, qui s'observe facilement à moins de 0°,01 près.

Il importe de considérer que le solide formé tout d'abord est uniquement dû à la solidification du dissolvant. La concentration se modifie donc à mesure que la solidification progresse; pour obtenir des résultats concordants il ne faut congeler qu'une portion très faible du dissolvant. On retire à cet effet les

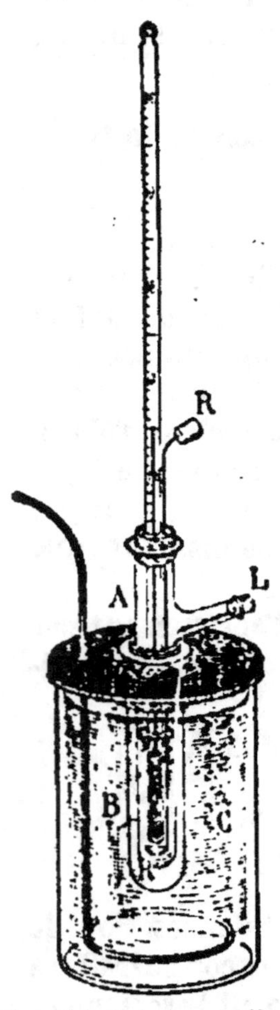
Fig. 15. — Appareil pour la cryoscopie.

tubes AB du liquide réfrigérant, on les réchauffe doucement, puis on les remet pour une nouvelle observation. En opérant successivement sur le solvant pur et sur une solution de concentration connue, on a l'abaissement.

On donne le nom de cryoscopie à cette observation des points de congélation des solutions étendues, faite le plus souvent en vue de déterminer des poids moléculaires.

33. Ébullioscopie. — On arrive à des méthodes analogues pour déterminer des valeurs approchées des poids moléculaires, en étudiant l'ébullition des solutions étendues ; mais ces méthodes ne sont applicables que si les corps dissous ne se mettent pas eux-mêmes en vapeur dans les conditions de l'expérience. Ainsi quand on dissout du glucose dans une certaine masse d'eau, la température d'ébullition *sous pression constante* s'élève proportionnellement au poids de glucose dissous.

En général, sous une pression déterminée H, un dissolvant pur bout à une température déterminée T. Si dans 100ᵍ de ce dissolvant on dissout un poids P d'un corps de poids moléculaire M, la température d'ébullition de la solution sous la pression H est supérieure à T. L'élévation θ′ du point d'ébullition est, entre certaines limites, liée à P et à M par une relation analogue à la formule de Raoult.

$$\theta' = C' \frac{P}{M} \qquad \text{(Arrhénius)}$$

C′ étant une grandeur qui, pour un solvant déterminé et sous la pression H, reste sensiblement constante ; cette grandeur se nomme l'élévation moléculaire du point d'ébullition.

Voici pour quelques dissolvants et sous la pression de 76ᶜᵐ les valeurs adoptées pour C′ :

> pour l'eau   5°,2 ;
> — l'alcool 11°,5 ;
> — l'éther 21°,5.

C′ étant connu, on peut inversement se servir de l'équation précédente pour déterminer le poids moléculaire d'une substance.

Le dispositif expérimental employé rappelle par sa forme générale l'appareil cryoscopique. Au lieu d'observer des températures de congélation, on note les températures d'ébullition du solvant pur et d'une solution de concentration donnée.

34. Tonométrie. — Si l'on mesure pour les mêmes dissolutions la tension maxima à une même température, on trouve un *abaissement* de tension proportionnel au poids de corps dissous et en raison inverse de son poids moléculaire. Cet abaissement peut être utilisé comme l'élévation du point d'ébullition pour déterminer les poids moléculaires, ce qui constitue la *tonométrie*.

REMARQUE GÉNÉRALE. — En étudiant les propriétés des gaz, nous avons trouvé qu'à même température et même pression, des volumes égaux contiennent des nombres égaux de molécules-grammes ; nous trouvons ici que pour avoir dans une même quantité d'un dissolvant le même abaissement du point de congélation ou la même élévation du point d'ébullition, il faut aussi le même nombre de molécules-grammes de tous les corps non électrolysables. C'est un rapprochement remarquable entre les propriétés de la matière diluée par gazéification ou par dissolution.

35. Électrolytes. — Une solution aqueuse de sel marin se congèle à température plus ou moins basse suivant la concentration.

$$\text{Une solution à } 6 \text{ °/}_o \text{ se congèle à } - 3°,23,$$
$$- \qquad 0,6 \text{ °/}_o \qquad - \qquad - 0°,35.$$

De ces résultats on déduit pour l'abaissement moléculaire les valeurs 31 et 34. L'abaissement moléculaire ainsi calculé est d'autant plus grand que la dilution est plus considérable. Il est toujours supérieur à la valeur 18,6 que donnent les corps non électrolytes. Les résultats des mesures laissent prévoir qu'il tend vers une valeur double de 18,6 quand la dilution devient infinie.

Autrement dit, une molécule-gramme de chlorure de sodium en solution *très étendue* produit sensiblement le même abaissement du point de congélation que deux molécules-grammes d'un corps non électrolysable. Elle produirait de même une élévation double du point d'ébullition. Pour cette raison on considère chaque molécule NaCl comme dédoublée, dans les solutions aqueuses *très étendues*, en deux ions ou atomes électrisés. On sait en effet que, dans l'électrolyse, il est nécessaire de faire passer dans une solution de chlorure de sodium une quantité d'électricité de 96490 coulombs pour mettre en liberté 35ᵉ,46 de chlore et la quantité équivalente de sodium, soit 23 grammes. Dans l'hypothèse moléculaire, on utilise cette loi de Faraday pour expliquer l'électrolyse de la manière suivante : dans une solution de chlorure de sodium ou dans ce sel fondu, un certain nombre de molécules sont décomposées en atomes de *sodium* chargés d'*électricité positive* et atomes de *chlore* chargés d'*électricité négative*. Ces atomes électrisés se nomment des *ions* et la séparation d'une *molécule électrolysable* en *ions* s'appelle *dissociation électrolytique*. Lorsqu'on plonge dans une dissolution de chlorure de sodium deux conducteurs reliés aux pôles d'un électromoteur, le conducteur positif exerce une attraction électrostatique sur les atomes négatifs de chlore et le conducteur négatif une attraction sur les atomes positifs de sodium. Ainsi se trouve expliqué de façon très simple le phénomène de l'électrolyse.

Il arrive que la même hypothèse rend compte des anomalies que présentent, au point de vue de la détermination des grandeurs moléculaires, la cryoscopie et l'ébullioscopie des électrolytes. On comprend que ces corps donnent pour ces deux phénomènes des constantes plus élevées que les substances non électrolysables, si l'on admet, qu'au point de vue de l'abaissement du point de congélation ou de l'élévation du point d'ébullition, un ion ou atome électrisé se comporte comme une molécule.

**36. Poids moléculaires des corps simples. — Il

n'y a pas de raison pour ne pas étendre aux corps simples les méthodes précédentes de détermination des poids moléculaires ; il y a même, comme nous le verrons plus loin, des raisons théoriques qui justifient cette extension.

Or $22^l,4$ d'oxygène pèsent sensiblement 32^s et $22^l,4$ d'hydrogène pèsent sensiblement $2^s,02$.

Autrement dit, les poids moléculaires de l'hydrogène, de l'oxygène et aussi de l'azote, du chlore, ... déterminés d'après les densités, sont doubles des poids atomiques déterminés par les considérations chimiques.

C'est ce que l'on exprime en disant que les poids moléculaires des corps volatils sont rapportés à deux volumes ; tandis que les poids atomiques des corps simples gazeux sont rapportés à un volume ou $11^l,2$.

C'est encore ce que nous exprimerons plus tard dans le langage atomique, en disant que la molécule d'oxygène O^2 renferme deux atomes.

Les méthodes cryoscopiques et ébullioscopiques permettent également de déterminer les poids moléculaires des corps simples ; ainsi la cryoscopie de diverses solutions de soufre a conduit à représenter la molécule de soufre par la formule S^2.

La tonométrie, avec du mercure comme dissolvant, a permis de trouver que pour le lithium, l'argent, l'étain, le plomb, le poids moléculaire est égal au poids atomique.

37. Atomicité. — C'est le nombre d'atomes contenus dans la molécule,

Ainsi l'hydrogène, H^2, le fluor, F^2, le chlore, Cl^2, l'oxygène, O^2, l'azote, N^2, sont diatomiques.

L'argon, l'hélium et les autres gaz rares de l'atmosphère sont monoatomiques ; il en est de même de la vapeur de mercure et de la plupart des métaux à haute température.

Au contraire, la vapeur de phosphore a une densité correspondant au poids moléculaire 124, quadruple du poids atomique ; le phosphore à l'état de vapeur est tétratomique.

Quant à la vapeur de soufre à basse température et, par

conséquent, sous pression réduite, elle est octoatomique :
$S^8 = 256$; mais à mesure que la température s'élève, le
soufre tend vers l'état diatomique.

38. Valence. — Soit un corps de poids atomique A formant avec l'hydrogène un composé de formule AH^n ; on
dit que la valence du premier corps est égale à n. Ainsi,
dans l'acide chlorhydrique, HCl, le chlore est monovalent,
dans l'eau, H^2O, l'oxygène est divalent ; dans le gaz ammoniac, NH^3, l'azote est trivalent ; dans le gaz des marais CH^4,
le carbone est tétravalent.

Quand la valence ne peut se déterminer par rapport à
l'hydrogène, on la détermine par rapport au chlore. Ainsi
dans le chlorure d'aluminium, $AlCl^3$, l'aluminium est trivalent. L'intérêt de la notion de valence tient à ce que, pour un
même corps, la valence est ordinairement la même dans la
plupart de ses composés. Cependant la valence du phosphore
est 3 dans le trichlorure, PCl^3, et 5 dans le pentachlorure,
PCl^5 ; celle du carbone est 2 dans l'oxyde de carbone, CO, et
4 dans l'anhydride carbonique, CO^2.

L'azote est bivalent dans l'oxyde azotique, NO, tandis que,
dans tous ses autres composés il est tri ou pentavalent.

Quand nous écrirons des *formules développées* (voir *Chimie organique*), nous indiquerons chaque valence par un
trait de liaison ; nous écrirons par exemple $H - Cl$ et
$H - O - H$, les formules développées de l'acide chlorhydrique et de l'eau.

39. Méthodes particulières à l'état solide. —
L'étude des corps solides a donné quelques modes pratiques
de détermination des poids moléculaires et atomiques. Les
résultats les plus intéressants ont été obtenus dans la considération des formes cristallines et dans celle des chaleurs
spécifiques des corps simples.

40. Isomorphisme. — Il existe des corps *chimiquement analogues* tels que le phosphate de sodium, PO^4Na^2H,

12H²O, et l'arséniate, AsO⁴Na²H, 12H²O, qui donnent des *cristaux de même forme* avec des angles dièdres homologues presque égaux, de plus ces corps peuvent *exister ensemble dans un même cristal en des proportions variables de façon continue* entre certaines limites ; on dit qu'ils sont *isomorphes* suivant la définition même de **Mitscherlich**, l'auteur des observations précédentes.

Les trois conditions qui fixent l'*isomorphisme* se trouvent aussi réunies dans les aluns ou sulfates doubles d'un sesquioxyde et d'un alcali, cristallisant en cubes ou en octaèdres avec 24 molécules d'eau :

$$(SO^4)^3Al^2, SO^4K^2, 24H^2O \quad \text{alun ordinaire,}$$
$$(SO^4)^3Fe^2, SO^4K^2, 24H^2O \quad \text{alun de fer,}$$
$$(SO^4)^3Cr^2, SO^4K^2, 24H^2O \quad \text{alun de chrome.}$$

Dans chacun de ces corps on peut, sans détruire l'isomorphisme, remplacer K par Na ou NH⁴.

Sont aussi isomorphes les carbonates CO³Ca (Spath d'Islande) et CO³Mg (Giobertite) cristallisés en rhomboèdres.

Et, en effet, on trouve en abondance dans la nature d'énormes rhomboèdres de dolomie ou des montagnes entières de calcaires dolomitiques qui sont des mélanges isomorphes de carbonates de calcium et de magnésium.

Sont de même isomorphes les spinelles, en octaèdres cubiques, savoir Al²O³MgO (rubis ordinaire), Al²O³FeO, Fe²O³FeO (oxyde magnétique de fer), Fe²O³ZnO, etc.

Lors de la découverte de l'isomorphisme (par Mitscherlich en 1820) beaucoup de formules chimiques n'étaient pas encore établies avec certitude. On admit pour les fixer que si deux corps peuvent donner des cristaux presque identiques et exister ensemble dans un même cristal, il convient de leur attribuer des formules analogues.

Ainsi ayant adopté pour la chaux la formule CaO ce qui conduit à CO³Ca pour celle du carbonate de calcium, on représente par CO³Fe le carbonate de fer parce que ce sel peut exister en rhomboèdres très peu différents de ceux du carbonate de chaux et contenant plus ou moins de ce dernier sel. La formule CO^3Fe étant équivalente à CO^4FeO, cela revient à prendre FeO comme formule de l'oxyde de fer correspondant à ce carbonate, ou encore à choisir comme poids atomique du fer le poids du métal qui dans cet oxyde est uni à 16 d'oxygène. On a ainsi $Fe = 56$. Il existe un autre oxyde de fer qui renferme pour 16 d'oxygène les $\frac{2}{3}$ de 56 de fer, sa formule est $Fe^{\frac{2}{3}}O$ ou Fe^2O^3, c'est l'oxyde ferrique ou sesquioxyde de fer. Cet oxyde pouvant remplacer celui d'aluminium dans les aluns et les spinelles, on formule l'oxyde d'aluminium Al^2O^3 et non AlO.

Cependant d'autres corps ont sensiblement même forme cristalline et peuvent coexister dans un même cristal sans être chimiquement analogues. Tels sont les sulfures de plomb, PbS, et d'argent, Ag^2S ; la naphtaline et le naphtol ;. la naphtaline et la naphtylamine ; le phénol et le benzène. On ne considère pas ces corps comme isomorphes.

En somme, la ressemblance des formes cristallines et la coexistence dans un même cristal n'entraînent pas nécessairement de véritables analogies chimiques ; mais comme elles les accompagnent fort souvent, les considérations d'isomorphisme, malgré les incertitudes qu'elles comportent, ont rendu de très grands services.

41. Détermination des poids atomiques par les chaleurs spécifiques. — Loi de Dulong et Petit. — Dulong et Petit ont déduit de leurs mesures (faites en 1818) sur 11 corps *simples* pris à *l'état solide* que pour ces corps le produit de la chaleur spécifique par le poids atomique, est voisin de 6,4. Il est tout à fait remarquable que pour la plupart des corps simples ce produit conserve effectivement une valeur peu différente de 6, malgré que le poids atomique passe de la valeur 7, qui correspond au lithium, à des valeurs supérieures à 200, comme celles qui correspondent au plomb (207) et au bismuth (210).

Dans la mesure où cette loi est applicable, on peut obtenir une valeur approchée du poids atomique d'un corps en divisant le nombre 6 par la chaleur spécifique.

Mais les chaleurs spécifiques croissant suivant des lois diverses quand la température s'élève, la loi de Dulong et Petit ne saurait être bien exacte. Elle est tout à fait inapplicable au carbone dont la chaleur spécifique à — 200° est cent fois plus faible que ne le prévoit cette loi. Vers 1000° seulement la chaleur spécifique du carbone atteint la valeur 0,5 conforme à la loi de Dulong et Petit.

42. Théorie atomique. — Les termes de poids atomique et poids moléculaire sont empruntés à une théorie hypothétique sans doute, mais qui s'est montré d'une puissante fécondité : la théorie moléculaire de la matière.

On s'explique difficilement les changements de volume qui accompagnent les variations de pression et de température, si l'on se représente la substance des corps comme continue, sans intervalles vides. Ces changements s'expliquent au contraire tout naturellement si l'on considère la matière comme formée de petites particules, appelées molécules, situées à distance les unes des autres, car une simple variation dans les intervalles moléculaires donne lieu à un changement de volume de l'ensemble.

Il faut évidemment supposer ces intervalles extrêmement petits puisqu'ils échappent à toute observation directe. Et comme les forces d'attraction entre deux parties de matière augmentent rapidement quand la distance diminue, on est amené à concevoir les molécules comme animées de mouvements, sans quoi elles se précipiteraient les unes sur les autres. Les molécules se présentent, à ce point de vue, comme douées d'énergie cinétique.

Les pressions exercées par les corps gazeux peuvent s'expliquer par les chocs de molécules contre les parois des vases qui les contiennent; c'est la théorie cinétique des gaz, au moyen de laquelle on peut prévoir les lois expérimentales de Mariotte et de Gay-Lussac.

L'hypothèse moléculaire n'est pas moins intéressante au

point de vue chimique. On se représente alors chaque corps, l'eau, par exemple, comme un agrégat de molécules toutes identiques, mais qui ne peuvent se diviser sans que le corps soit décomposé. La *molécule* d'eau par exemple apparaît ainsi comme la plus *petite quantité* d'eau qui puisse exister. Toute quantité d'eau contenant de l'hydrogène et de l'oxygène en proportion invariable, on admet que la molécule d'eau est formée de particules plus petites qu'on appelle les atomes d'oxygène et d'hydrogène.

43. Hypothèse d'Avogadro et d'Ampère. — Cette simple idée de la constitution de la matière a reçu un développement très important de la part d'*Avogadro* et d'*Ampère*, à qui l'on doit la proposition suivante : *A même température et même pression, volumes égaux des divers gaz contiennent même nombre de molécules.*

Cette nouvelle hypothèse a été suggérée par ce fait que les gaz obéissent tous approximativement aux mêmes lois de dilatation et de compressibilité, que les capacités calorifiques rapportées à un même volume ont entre elles des relations simples, elles sont même sensiblement égales pour les gaz que les considérations précédentes nous ont conduits à regarder comme ayant même atomicité.

L'hypothèse d'Avogadro a été confirmée par de nombreux travaux de physique ; on a même pu évaluer approximativement le nombre N de molécules constituant un même volume des divers gaz. Ce nombre est de l'ordre de $6,8 \times 10^{22}$ pour 2^l d'hydrogène, qui occupent, comme on sait, $22^l,4$ dans les conditions normales.

Or c'est là aussi le volume occupé dans les conditions normales par les poids moléculaires des divers gaz, tels que nous les avons obtenus par de simples considérations chimiques. Donc les molécules-grammes des divers corps gazeux contiennent toutes le même nombre N de molécules. Autrement dit, la masse d'une molécule d'un corps de masse moléculaire M est $\dfrac{M^g}{N}$. Ainsi l'hypothèse d'Avogadro et

Ampère conduit à une évaluation des masses des molécules.

44. Atomes et électrons. — Quand de l'hydrogène passe d'une molécule à une autre, c'est par nombre entier de fois $\frac{1^s}{N}$. L'oxygène passe de même d'une molécule à une autre dans les réactions chimiques par nombre entier de fois $\frac{16^s}{N}$. Ces quantités d'hydrogène et d'oxygène qui passent ainsi d'une molécule à une autre, sans jamais se fractionner, se nomment des atomes d'hydrogène et d'oxygène.

D'après cette manière de se représenter les atomes, on voit que leurs poids sont proportionnels aux poids atomiques respectifs précédemment définis, indépendamment de toute hypothèse. Ils sont représentés par les poids atomiques eux-mêmes, lorsqu'on prend comme unité le poids de l'atome d'hydrogène.

On considère aujourd'hui chaque atome comme formé d'une partie centrale chargée d'électricité positive, entourée de très petites particules électrisées négativement et appelées des *électrons*. Ces électrons, animés de mouvements périodiques rendus plus rapides par une élévation de la température ou par l'action de courants électriques, émettraient les radiations correspondant aux diverses raies spectrales.

45. Explication des lois des combinaisons dans l'hypothèse atomique. — L'hypothèse moléculaire et atomique fournit une représentation claire d'un grand nombre de faits expérimentaux, notamment des lois des proportions définies et des proportions multiples. Les atomes ne pouvant entrer dans les molécules que par nombres entiers, il n'y a pas possibilité de faire varier de façon continue les proportions de deux corps susceptibles d'entrer en combinaison, ce qui est la *loi des proportions définies*. Les quantités d'oxygène qui peuvent se combiner avec un même nombre d'atomes d'azote sont nécessairement constituées par des nombres entiers d'atomes ; elles sont donc entre elles comme des *nombres entiers* : c'est la *loi des proportions multiples*.

Si p et p' sont les poids de deux atomes de chlore et d'iode qui se combinent avec un atome d'hydrogène pesant 1, il est évident que le chlore et l'iode devront se combiner suivant un multiple du rapport $\dfrac{p}{p'}$; c'est la *loi des nombres proportionnels*.

On voit donc que l'hypothèse atomique éclaire singulièrement le mécanisme des lois fondamentales de la chimie.

Cette hypothèse donne surtout un caractère concret aux *formules développées* dont nous ferons un si grand usage en chimie organique. Si celles-ci peuvent être conçues en dehors de toute hypothèse, il n'en est pas moins vrai qu'à l'origine, c'est l'hypothèse atomique qui a inspiré la plupart des fondateurs des théories modernes de la chimie organique ; cette hypothèse a donc été d'une fécondité puissante.

CHAPITRE VI

ÉQUILIBRES CHIMIQUES (¹)

46. De l'équilibre en général. — Aux équilibres de la mécanique correspondent des équilibres chimiques qui présentent avec les premiers des analogies remarquables, bien qu'ils soient d'une tout autre nature.

En mécanique, un système est dit en équilibre lorsqu'il est en repos dans toutes ses parties. C'est le cas d'une table reposant sur le sol par ses quatre pieds.

L'équilibre peut être stable et réversible : c'est le cas d'une balance dont le fléau porte un cavalier. Suivant que l'on modifie, si peu que ce soit, la position du cavalier dans un sens ou en sens inverse, l'équilibre de la balance se modifie dans un sens ou dans le sens opposé.

L'équilibre peut être instable : c'est le cas d'un solide reposant sur le sol par une partie pointue. Le moindre déplacement suffit à déranger la masse de sa position. Théoriquement une force infinitésimale suffit à produire une action finie.

En fait l'équilibre est toujours plus ou moins stable ; par exemple, suivant l'étendue de l'aire de sustentation, il faudra une force d'une valeur finie pour déranger la masse de sa position d'équilibre.

Enfin un système peut être *hors d'équilibre*. C'est le cas d'une masse pesante qui repose sur un plan incliné et qui est retenue uniquement par les forces de frottement.

(¹) Les équilibres chimiques et la thermochimie ne figurent plus explicitement au programme officiel.

Passons maintenant aux *équilibres chimiques*.

De l'eau prise à la température ordinaire est un système en équilibre chimique stable. Il faudrait faire intervenir des agents énergiques pour la décomposer en ses éléments.

Au contraire, un mélange d'oxygène et d'hydrogène n'est pas en équilibre stable puisqu'il suffît d'une étincelle électrique pour produire une violente explosion. On serait donc tenté de dire que le mélange oxhydrique est en équilibre instable. En fait, d'autres actions violentes : vibrations, compression poussée jusqu'à la liquéfaction du mélange, échauffement à 200°, ne suffîraient pas à provoquer la réaction.

En réalité le gaz tonnant est, à la température ordinaire, un système *hors d'équilibre*. Il nous reste à préciser ce qu'on entend par *équilibre chimique réversible*.

47. Équilibres chimiques réversibles. Systèmes hétérogènes. — a. Oxyde de cuivre. — L'oxygène et l'oxyde rouge de cuivre ou oxyde cuivreux peuvent se combiner et donner de l'oxyde noir ou oxyde cuivrique :

$$Cu^2O + O = 2CuO.$$

Inversement, l'oxyde cuivrique se décompose **en oxyde cuivreux et gaz oxygène :**

$$2CuO = Cu^2O + O.$$

Ces deux faits ne sont pas contradictoires : c'est ce que nous allons montrer en nous limitant à l'intervalle de température où les deux corps restent solides.

Plaçons de l'oxyde de cuivre noir dans une nacelle de platine N disposée elle-même dans un tube en porcelaine P. Le tube en porcelaine est chauffé au moyen d'un fil de platine enroulé et parcouru par un courant. Le tout est noyé dans une masse d'amiante. La température est mesurée au moyen d'un couple thermo-électrique T.

Le tube de porcelaine communique avec une pompe à mercure munie d'un manomètre M et d'un réservoir d'oxygène, de telle sorte que l'on peut, au début de l'expérience, faire le vide dans l'appareil, et, dans le cours d'une expérience, enlever ou faire entrer de l'oxygène et en mesurer à chaque instant la pression.

A la température du rouge sombre, l'oxyde noir placé dans le vide commence à dégager de l'oxygène.

A la température de fusion de l'argent, soit 960°, la tension de l'oxygène atteint 56^{mm} de mercure.

Si on fait dans le tube un vide partiel, une nouvelle proportion d'oxyde noir se décompose jusqu'à ce que la pression de l'oxygène atteigne de nouveau 56^{mm} et ainsi de suite, tant qu'il reste de l'oxyde noir non décomposé.

Vient-on au contraire à comprimer de l'oxygène dans le

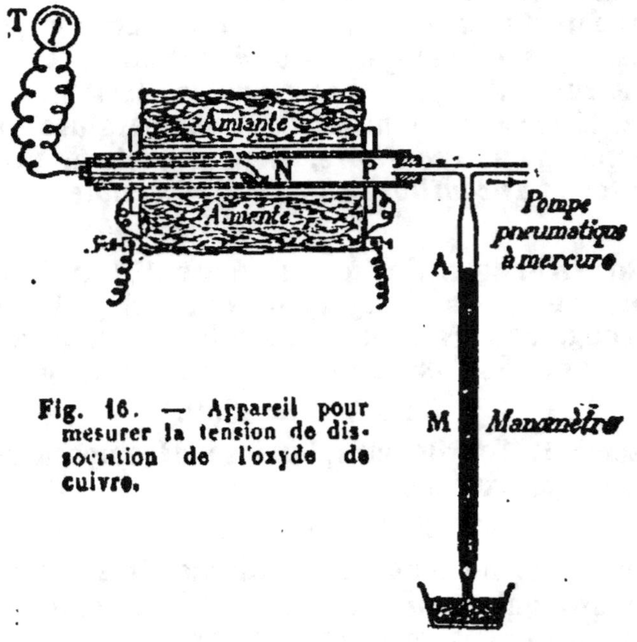

Fig. 16. — Appareil pour mesurer la tension de dissociation de l'oxyde de cuivre.

tube à une pression supérieure à 56^{mm}, il se reforme de l'oxyde noir jusqu'à ce que la pression soit redescendue à 56^{mm}, et cela tant qu'il reste dans le tube du sous-oxyde susceptible de se combiner à l'oxygène.

On dit que 56^{mm} est la *tension de dissociation* de l'oxyde de cuivre noir à la température de fusion de l'argent.

Si nous faisons maintenant varier la température, si nous portons le système à une température plus élevée, les mêmes phénomènes se reproduisent, sauf que la tension de dissociation prend une valeur constante plus forte que la première.

Si, au contraire, on laisse refroidir le système, l'oxyde de cuivre réabsorbe l'oxygène qu'il avait dégagé et il se fait dans l'appareil un vide absolu.

Ainsi, lorsque de l'oxyde de cuivre est enfermé dans un récipient clos, à une certaine température, l'équilibre étant établi, si la température éprouve une élévation, si petite soit-elle, une portion d'oxyde noir se dissocie et l'équilibre se rétablit au bout d'un certain temps.

Si la température varie en sens contraire, l'équilibre se modifie en sens contraire.

On peut, par une variation suffisamment lente de la température, passer d'un état d'équilibre à un autre état d'équilibre, le système restant constamment dans une succession d'états infiniment voisins de l'équilibre. C'est la définition même des transformations réversibles.

La tension de dissociation, indépendante des quantités de matière mises en réaction, pourvu qu'elles suffisent à fournir la quantité d'oxygène nécessaire à l'équilibre, ne dépend pas non plus de la présence d'un gaz inerte ; seule la pression due à l'oxygène entre en ligne de compte.

Un grand nombre de réactions d'équilibre obéissent aux mêmes lois ; ce sont celles des *systèmes* dits *hétérogènes* dans lesquels chaque phase est constituée par un corps unique à l'exclusion de toute solution.

b. Carbonate de calcium. — Le phénomène a été d'abord étudié par Debray sur le carbonate de calcium. Lorsqu'on chauffe ce sel, il se fait la réaction

$$CO^3Ca \rightleftarrows CO^2 + CaO \,[1],$$

mais elle n'est parfaitement réversible qu'au-dessus de 700°. On trouve alors (d'après Zavrieff)

Températures	725°	750	793	815	840	860	890	910	926°
Tensions . .	7cm,1	10,0	17,0	23,0	34,2	42,0	61,0	75,5	102cm,2,

ce qui donne la courbe ci-après. Sur cette courbe on voit que dans une atmosphère de gaz carbonique à la pression de 76cm, le carbonate de chaux se décompose à partir de 915°. Dans les fours à chaux la décomposition se produit fort au-dessous de cette température, parce que les gaz du foyer

---

[1] Le signe $\rightleftarrows$ indique une réaction réversible.

entraînent l'anhydride carbonique à mesure qu'il se produit

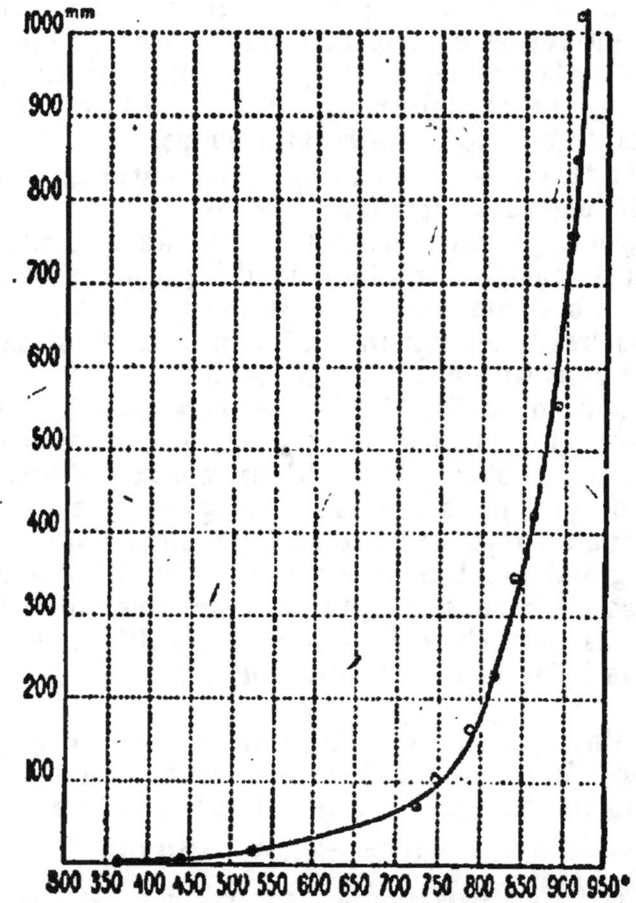

Fig. 17. — Courbe de dissociation du carbonate de calcium.

et que sa tension dans le mélange reste très inférieure à la pression atmosphérique.

48. Systèmes homogènes. — a. Dissociation de l'eau. — La notion d'équilibre chimique a été introduite dans la science au commencement du xixᵉ siècle par Berthollet. Dans leur travail classique sur l'éthérification, Berthelot et Péan de Saint-Gilles ont donné la première étude méthodique d'un système en équilibre ; mais c'est Henri Sainte-

Claire-Deville qui a montré la portée et la généralité de ces phénomènes.

A la température ordinaire, les corps sont pour la plupart hors d'équilibre ; au contraire, dès que la température s'élève les faux équilibres font place aux équilibres réels.

A température élevée, l'équilibre est la loi générale et les corps réputés les plus stables n'existent qu'à l'état d'équilibre en présence des produits de leur décomposition.

La *dissociation* consiste dans la possibilité de décomposer un corps en le plaçant dans les conditions mêmes où il s'est formé.

Ainsi l'eau prend naissance par la combustion du mélange oxyhydrique à des températures qui varient de 2000° à 2500° ; et cependant dès 1200° l'eau est en partie dissociée. Si en effet on lance un courant de vapeur d'eau dans un tube poreux ab entouré d'un autre tube dans lequel circule un gaz inerte, du gaz carbonique par exemple, tout l'appareil étant chauffé vers 1200°, l'eau se dissocie : l'hydrogène plus léger traverse la paroi poreuse 4 fois plus vite

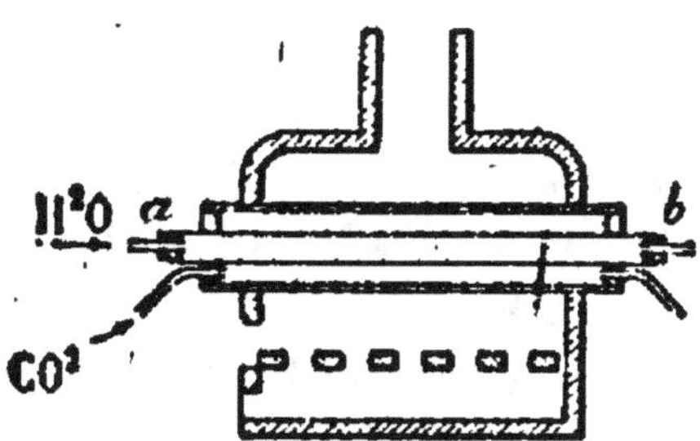

Fig. 13. — Dissociation de l'eau.

que l'oxygène ; de sorte que par le tube intérieur sort de la vapeur d'eau mêlée d'oxygène, tandis que par le tube extérieur sort du gaz carbonique mêlé d'hydrogène.

On peut établir autrement que l'eau ne peut exister aux températures élevées que partiellement dissociée.

Nous verrons en effet que la combustion de 1 gramme d'hydrogène avec production de 9 grammes d'eau à l'état de vapeur dégage 29 150 calories ; c'est-à-dire une quantité de chaleur suffisante pour porter les 9 grammes d'eau formés à près de 6000°. Or la température du chalumeau oxyhydrique ne dépasse jamais 2500°, ce qui montre bien que la réaction est seulement partielle.

En fait, lorsqu'on fait brûler le mélange oxyhydrique à la sortie du chalumeau, ce mélange se transforme intégralement en eau parce que la combinaison, d'abord incomplète dans les parties les plus chaudes de la flamme, s'achève à mesure que le mélange gazeux se refroidit.

Le système constitué par le mélange gazeux d'oxygène, d'hydrogène et de vapeur d'eau est un système homogène, c'est-à-dire semblable à lui-même en toutes ses parties.

L'équilibre est exprimé par la relation

$$2H^2 + O^2 \rightleftarrows 2H^2O.$$

Cet équilibre, c'est-à-dire les proportions relatives de gaz hydrogène et d'eau, dépend de la température, de la pression et de la composition globale du mélange.

En particulier, *sous la pression atmosphérique*, de la vapeur d'eau chauffée se dissocie jusqu'à ce que la pression exercée par l'hydrogène libéré soit :

à 1350°, de 1 millième d'atmosphère;
à 1800°, de 10 millièmes — ;
à 2000°, de 20 — — .

b. Dissociation du gaz carbonique. — Nous savons que le charbon brûle à l'air en donnant du gaz carbonique :

$$C + O^2 = CO^2.$$

Cette réaction dégage une grande quantité de chaleur, 7850 cal. par gramme de charbon, et provoque une élévation de température considérable.

Le gaz carbonique est réduit à l'état d'oxyde de carbone par le charbon au rouge :

$$CO^2 + C = 2CO ;$$

mais inversement, l'oxyde de carbone brûle dans l'oxygène avec une flamme bleue en redonnant du gaz carbonique :

$$2CO + O^2 = 2CO^2.$$

C'est encore là une réaction qui dégage une quantité de chaleur considérable et qui provoque une grande élévation de la température.

Il semblerait donc que le gaz carbonique formé à température élevée dût être un gaz éminemment stable.

En réalité, dès la température de 1100°, le gaz carbonique est toujours en partie dissocié en oxyde de carbone et oxygène et d'autant plus dissocié que la température est plus élevée.

Nous pouvons écrire comme tout à l'heure la réaction d'équilibre

$$2CO + O^2 \rightleftarrows 2CO^2.$$

Ainsi, la dissociation du gaz carbonique se fait avec augmentation de volume quand la pression est fixe, ou avec augmentation de pression sous volume constant. Elle est donc gênée par un accroissement de pression. C'est là un fait très important.

En effet, d'une part, la dissociation du gaz carbonique tend à limiter les températures que permet d'obtenir la combustion du charbon, on y remédie en partie en forçant la pression de l'air.

D'autre part, avec certains explosifs, on obtient des températures et des pressions très élevées, grâce à ce fait que l'accroissement de pression compense largement l'élévation de température à l'égard de la dissociation du gaz carbonique formé.

Il est difficile de mesurer le degré de dissociation du gaz carbonique ; sous la pression atmosphérique et à 1200°, la dissociation est à peine de un ou deux dix-millièmes, elle atteint 33 °/₀ à 3000°.

49. L'équilibre à l'état dissous : éthérification.

— Nous prendrons comme exemple le phénomène de l'éthérification étudié par Berthelot et Péan de Saint-Gilles.

Nous savons (voir cours de Première) qu'un alcool et un acide, l'alcool éthylique et l'acide acétique par exemple, mis en présence, donnent un éther-sel et de l'eau. L'éther formé est ici l'acétate d'éthyle.

Nous savons en outre que *l'eau peut décomposer, hydrolyser* les éthers et reformer l'alcool et l'acide : nous avons les deux actions inverses

$$C^2H^5.OH + CH^3.CO^2H \rightleftarrows H^2O + CH^3CO^2.C^2H^5.$$

Mettons en présence de l'alcool, de l'acide acétique et même, si on veut, une certaine masse d'eau ; rien n'est plus facile que de suivre la transformation *lente* de l'acide en éther ; il suffit de prendre de temps en temps un volume connu de la liqueur, et de voir combien il faut de soude pour neutraliser l'acide acétique (voir *Acidimétrie*, 117).

Inversement, si on met en présence de l'éther, acétique et

de l'eau, la liqueur, d'abord neutre, devient peu à peu acide et l'on peut suivre la marche de l'hydrolyse.

Les deux actions inverses, la seconde surtout, sont extrêmement lentes ; elles peuvent, à la température ordinaire, se poursuivre pendant des mois et des années. Si on opère à 200° et, bien entendu, en vase clos, les réactions sont beaucoup plus rapides et on peut observer alors les phénomènes d'équilibre.

50. Catalyse. — Certaines réactions entre deux corps ne se produisent qu'en présence d'une certaine proportion, généralement très petite, d'un troisième corps qui ne paraît pas intervenir dans la réaction, puisqu'il se retrouve inaltéré le plus souvent.

Ce troisième corps s'appelle un catalyseur ou encore un agent catalytique.

C'est ainsi que le gaz ammoniac et le gaz chlorhydrique ne se combinent pas pour donner du sel ammoniac, suivant la réaction

$$NH^3 + HCl = NH^4Cl,$$

s'ils sont rigoureusement secs. Inversement, le sel ammoniac rigoureusement sec ne se dissocie pas et présente une densité de vapeur normale.

De même l'oxyde azotique NO et l'oxygène ne se combinent pour donner des vapeurs rutilantes de peroxyde d'azote qu'en présence d'une trace infinitésimale d'humidité.

L'eau paraît donc jouer le rôle de catalyseur dans un grand nombre de réactions chimiques.

Une classe très importante de catalyseurs est fournie par les corps poreux et en particulier par les métaux réduits de leurs oxydes par un courant d'hydrogène ou d'oxyde de carbone. Indépendamment de la combinaison du gaz tonnant en présence de la mousse de platine, de la dissociation de l'oxyde de carbone en contact avec le charbon poreux, nous verrons en chimie organique de nombreux exemples de réductions produites par l'hydrogène en présence du nickel réduit (Sabatier et Senderens).

Quelques-unes de ces réactions ont une grande importance industrielle : il en est ainsi de la fabrication de l'acide sulfurique par oxydation du gaz sulfureux en présence soit de la mousse de platine (procédé de contact), soit des vapeurs nitreuses (procédé des chambres de plomb), de la préparation du chlore par oxydation du gaz chlorhydrique au moyen de l'oxygène de l'air en présence de briques imprégnées de sels de cuivre (procédé Deacon).

Le dédoublement de l'amidon en glucose par ébullition avec de l'eau en présence d'une petite quantité d'acide sulfurique est encore une action catalytique, l'acide minéral étant le catalyseur.

La catalyse consiste dans le fait qu'une réaction qui ne peut se produire d'elle-même par suite de résistances passives (le système restant ainsi dans un état de faux équilibre), se poursuit normalement au contraire en présence d'un catalyseur et avec une vitesse d'autant plus grande que celui-ci est employé en plus grande proportion.

Si la réaction, au lieu d'être totale, doit aboutir à un état d'équilibre, la présence du catalyseur ne modifie pas l'équilibre final, elle a seulement pour effet d'accélérer les deux réactions inverses qui aboutissent à cet équilibre.

Quant au mécanisme même de l'action catalytique, il est en général assez mal connu. Il existe cependant des cas où l'on a pu mettre en évidence la formation de produits intermédiaires par lesquels intervient l'agent catalytique.

Ainsi dans les chambres de plomb, le gaz sulfureux, l'oxygène, l'eau et les vapeurs nitreuses donnent des combinaisons qui se décomposent bientôt en formant de l'acide sulfurique et régénérant les vapeurs nitreuses. De sorte qu'une quantité limitée de ces dernières peut transformer en acide sulfurique une masse théoriquement illimitée d'un mélange de gaz sulfureux, d'oxygène et d'eau.

Les fermentations sont des actions catalytiques et les diastases sont des catalyseurs.

En effet, on retrouve dans les fermentations un des caractères essentiels des actions catalytiques, savoir la disproportion entre le poids de l'agent actif et de la matière transformée.

CHAPITRE VII

NOTIONS DE THERMOCHIMIE [1]

51. Chaleur de réaction. — Lorsque deux ou plusieurs corps réagissent pour donner de nouveaux corps, les forces intérieures, ou actions réciproques des atomes, effectuent un certain travail.

Ce travail interne se manifeste par une production de travail mécanique, de chaleur, de lumière ou d'énergie électrique.

Ainsi l'énergie fournie par la combustion d'un mélange d'air et de gaz d'éclairage peut être utilisée à actionner un moteur à gaz, à chauffer un poêle, à porter à l'incandescence un manchon Auer. Dans une pile électrique on utilise l'énergie développée dans l'attaque du zinc par l'acide sulfurique.

Supposons maintenant qu'une réaction se produise dans un récipient hermétiquement clos, à parois opaques et inébranlables, plongé dans une masse d'eau. L'énergie mise en jeu dans cette réaction ne pourra se manifester que par une production de chaleur. Soit M la capacité calorifique du récipient et de l'eau qui l'entoure, soit θ l'élévation de température, q la quantité de chaleur dégagée,

$$q = M\theta.$$

Dans ce cas particulier on peut définir la *chaleur dégagée par une réaction accomplie à volume constant*.

Supposons en second lieu que le système se trouve placé dans un vase ouvert en libre communication avec l'atmosphère. Soit p la pression atmosphérique supposée constante. L'énergie mise en jeu dans la réaction donnera naissance

---

1° à une quantité de chaleur Q que l'on appellera la chaleur de réaction à pression constante ; 2° au travail extérieur d'expansion $p(v' - v)$, v et v' étant les volumes occupés par le système avant et après la réaction.

Si dans les deux cas la pression initiale est la même, on aura [1], en appelant A l'inverse de l'équivalent mécanique de la chaleur,

$$q = Q + Ap(v' - v).$$

Dans la pratique, la plupart des mesures thermochimiques se font soit en vase clos (bombe calorimétrique), soit au sein de l'eau, les substances solubles étant dissoutes, de sorte que la variation de volume est négligeable ; par suite, *dans la pratique des mesures thermochimiques*, on n'a pas à se préoccuper du travail extérieur.

La chaleur dégagée dans une réaction se mesure en calories. Si la chaleur de réaction est rapportée au gramme, on l'évalue en petites calories ; si elle est rapportée à la molécule-gramme, on l'évalue en grandes Calories.

Ainsi on dira que la chaleur de combustion d'une houille est de 8500 calories, si 1ᵍ de houille, en brûlant dans l'air, dégage 8500 calories.

On dira par contre que la chaleur de formation de l'eau liquide est de 69 Calories, parce que 2ᵍ,02 d'hydrogène et 16 d'oxygène gazeux se combinent et donnent 18 grammes d'eau liquide, soit une molécule-gramme, avec un dégagement de chaleur de 69 Calories.

On écrira

$$H^2 \text{ gaz} + O \text{ gaz} = H^2O \text{ liq.} \qquad + 69 \text{ Cal ;}$$

ici les symboles représentent non plus des rapports, mais des masses évaluées en grammes.

Nous avons spécifié que l'eau formée est liquide ; si elle reste à l'état de vapeur, il faut retrancher de 69 la chaleur moléculaire de vaporisation de l'eau.

Cette dernière dépend de la température, elle est à 15° de

---

[1] En négligeant la variation de l'énergie interne d'expansion.

10^{Cal},73 ; dé 69 Calories, retranchons 10^{Cal},73, il reste 58^{Cal}, 27 ; on peut donc écrire.

$$H^2 \text{ gaz} + O \text{ gaz} = H^2O \text{ vap.} \qquad + 58^{Cal},27,$$

étant bien spécifié que la vapeur d'eau formée est à 15° à l'état de vapeur saturante soit sous une pression de 12^{mm},7.

On voit donc qu'il est de première nécessité de bien spécifier l'*état physique* des corps réagissants et des produits de la réaction.

On suppose bien entendu, les uns et les autres ramenés à une même température. Sauf avis contraire, c'est toujours la température de 15°.

52. Méthodes thermochimiques. — Les méthodes employées dans la calorimétrie chimique sont celles que l'on trouve décrites dans les traités de physique et en particulier la méthode des mélanges et celle du calorimètre à glace de Bunsen. Dans la méthode des mélanges, on peut opérer soit en vase ouvert, soit en vase clos.

Le premier dispositif convient surtout à l'étude de la chaleur de formation des sels, le second convient plutôt à la mesure des chaleurs de combustion des composés organiques.

53. Chaleur de neutralisation. — On prépare deux solutions renfermant bien exactement l'une 20^g (NaOH = 40) de soude caustique par litre, l'autre, 24^g,5 (SO^{4}H^2 = 98) d'acide sulfurique par exemple ; c'est-à-dire des solutions demi-normales (88).

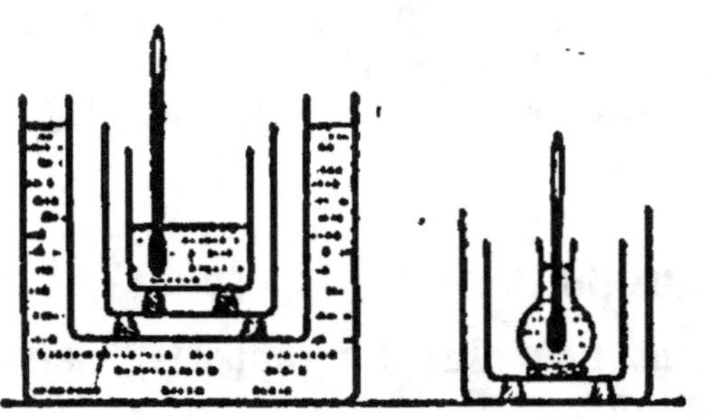

Fig. 19. — Chaleur de neutralisation.

Dans un calorimètre de 650^{cm3} de capacité par exemple, on place 300^{cm3} de la première solution et on y plonge un thermomètre.

Dans une autre enceinte calorimétrique, on place une fiole contenant 300^{cm3} de la seconde dissolution et un thermomètre.

Les deux thermomètres marquent deux températures t et t', très peu différentes si on a laissé les deux liqueurs séjourner plusieurs heures dans la salle où se fait l'expérience. La température moyenne du liquide est donc $\dfrac{t+t'}{2}$.

On enlève alors le deuxième thermomètre de la fiole, on saisit celle-ci avec une pince en bois et on en verse le contenu dans le calorimètre. On remue avec le thermomètre et on lit au bout d'une minute, par exemple, la température ; soit T la température finale corrigée du refroidissement pendant la durée de l'expérience.

$T - \dfrac{t+t'}{2}$ est l'élévation de température provoquée par la réaction ; soit par exemple $3°,964$.

La capacité calorifique d'une solution étendue à $15°$ est exprimée par le même nombre que le volume de cette solution, l'accroissement de la densité étant compensé par la dilatation et la diminution de la chaleur spécifique.

On connaît d'autre part la capacité calorifique du calorimètre et des accessoires ; soit par exemple $3,87\ \dfrac{\text{cal.}}{\text{degré}}$.

Alors la capacité calorifique du système sera de $603,87$ et la chaleur dégagée sera égale à) $603,87 \times 3,96 = 2.391^{\text{cal}},3$.

Ceci pour 300^{cm^3}, ou pour $\dfrac{3}{20}$ de molécule de soude ; pour une molécule-gramme la chaleur de neutralisation sera égale à $2391,3 \times \dfrac{20}{3} = 15942^{\text{cal}}$, soit $15^{\text{Cal}},94$.

54. Chaleur de combustion. — La chaleur de combustion des composés organiques se mesure au moyen de la bombe calorimétrique de Berthelot.

Celle-ci se compose d'un récipient en acier revêtu intérieurement d'une feuille de platine et dont le couvercle est maintenu par un écrou. Un tube creux en acier A fermé par une vis à pointeau permet d'introduire dans la bombe de l'oxygène à 25 atmosphères. La substance que l'on veut brûler, mise sous forme d'une pastille si elle est solide, ou placée dans une petite coupelle si elle est liquide, est suspendue au centre de l'appareil. Une goutte d'eau placée au fond de la bombe dispense de toute correction relative à l'humidité des gaz.

La mise de feu s'obtient au moyen d'une spirale de fer maintenue par deux supports au contact du combustible. L'un de ces supports s est relié directement à la bombe, l'autre s' est isolé. On peut donc faire passer un courant électrique dans le fil de fer, qui rougit, brûle et enflamme

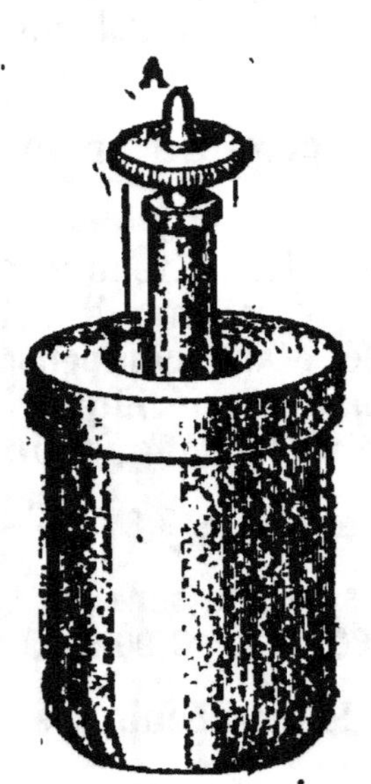

Fig. 20. — Bombe calorimétrique fermée.

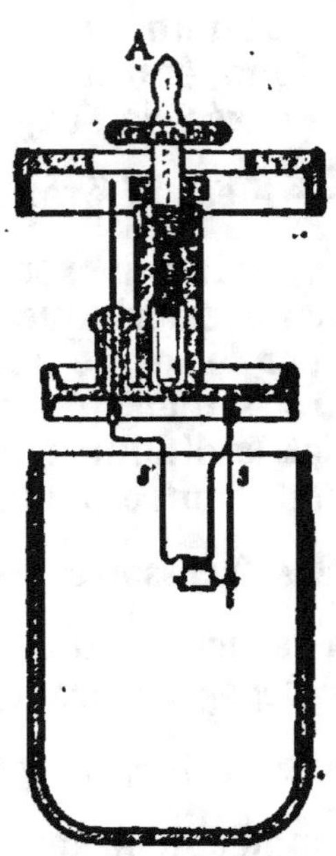

Fig. 21. — Bombe calorimétrique (coupe).

la substance ; on tient compte de la chaleur de combustion de ce fil, à raison de 1650^{cal} par gramme de fer. La bombe tout entière repose dans un calorimètre contenant 2 litres d'eau. La capacité calorifique de la bombe, du calorimètre, de l'eau, du thermomètre et de l'agitateur est par exemple de 2350 $\dfrac{\text{cal.}}{\text{degré}}$. Supposons que la combustion de 0^g,5 de naphtaline (allumée par un fil de fer pesant 0^g,011) produise, toutes corrections de refroidissement faites, une élévation de température de 2°,070.

Lá chaleur dégagée est $2350 \times 2,070 = 4864^{cal},50$.

La chaleur de combustion
du fil de fer est $1650 \times 0,011 = \underline{18^{cal},15}.$

La chaleur de combustion
de $0^s,5$ grammes de naph-
taline est donc. . . . . $4846^{cal},35,$

soit pour 1 gramme, $9693^{cal},7$.

La chaleur de combustion moléculaire à volume constant s'obtient en multipliant ce résultat par le poids moléculaire soit

$$9693,7 \times 128 = 1240793^{cal}, \text{ ou } 1240^{Cal},8.$$

55. Principe de l'état initial et de l'état final. — Toutes les réactions chimiques ne sont pas susceptibles d'être effectuées en quelques minutes dans une bombe ou un calorimètre ; on peut cependant évaluer les quantités de chaleur dégagées ou absorbées dans toutes les réactions grâce à l'application d'un principe très général qui est le suivant :

Principe de l'état initial et de l'état final : *Lorsqu'un système de corps éprouve une série de transformations et passe d'un état initial déterminé à un état final également déterminé, sans production ni dépense de travail extérieur, la chaleur dégagée ne dépend que de l'état initial et de l'état final ; elle est indépendante des états intermédiaires.*

Ce principe peut être considéré comme une conséquence du principe plus général de la conservation de l'énergie, étendu aux phénomènes chimiques.

La vérification directe n'en est que plus intéressante.

On imagine sans peine combien les vérifications en sont variées. Voici un exemple au hasard :

Dans un même volume d'eau, dissolvons séparément une molécule-gramme de potasse, une molécule d'acide chlorhydrique, une demi-molécule de baryte et une demi-molécule d'acide sulfurique.

Nous pouvons mélanger le tout à la fois pour obtenir du chlorure de potassium et du sulfate de baryum, et mesurer la chaleur dégagée Q ; nous pouvons faire réagir d'abord la

potasse sur l'acide sulfurique : soit q la chaleur dégagée ;
puis la baryte sur l'acide chlorhydrique : soit q' ; et enfin le
chlorure de baryum sur le sulfate de potassium : soit q''. On
trouve que

$$Q = q + q' + q''.$$

On pourrait imaginer d'autres combinaisons à l'infini.

Le principe s'étend aussi aux transformations qui s'accomplissent avec un travail extérieur, à la condition que la
valeur de celui-ci ne dépende, elle aussi, que de l'état initial
et de l'état final.

C'est ce qui a lieu pour les transformations effectuées à
pression constante, puisque le travail extérieur est égal à
$p(v' - v)$, en appelant v et v' le volume initial et le volume
final.

Pour les transformations effectuées à volume constant,
dans la bombe par exemple, le travail extérieur est nul.

Ce principe est d'une importance pratique de premier
ordre dans la calorimétrie chimique. En effet, très rares
sont les réactions qui se prêtent commodément à une mesure
calorimétrique directe.

56. Chaleur de formation de l'oxyde de carbone.
— Comment mesurer, par exemple, la chaleur de formation
de l'oxyde de carbone à partir des éléments, c'est-à-dire la
chaleur dégagée par la réaction

$$C + O = CO\,?$$

L'oxyde de carbone s'obtient en effet en faisant passer de
l'oxygène sur une longue colonne de charbon portée au
rouge ; c'est là une réaction qui ne peut pas être effectuée
dans un calorimètre.

Par contre on peut brûler dans la bombe soit du carbone,
soit de l'oxyde de carbone.

Soit dès lors un état initial constitué par 12⁸ de charbon
et 32⁸ d'oxygène, dans les conditions normales de température et de pression.

Soit un état final constitué par 44⁸ de gaz carbonique
dans les mêmes conditions. On peut réaliser deux séries de
transformations, savoir :

$$\begin{array}{lll}
\text{1}^{re}\text{ série} & \begin{cases} C + O = CO & + x^{Cal} \\ CO + O = CO^2 & + 68^{Cal},3 \end{cases} \\
\text{2}^{e}\text{ série} & \quad\; C + O^2 = CO^2 & + 94^{Cal},3
\end{array}$$

on doit avoir $\quad\quad x + 68^{Cal},3 = 94^{Cal},3,$

d'où $\quad\quad\quad\quad\quad\quad\quad x = 26^{Cal}$;

nous avons ainsi la chaleur de formation de l'oxyde de carbone.

Plus généralement, *la chaleur de formation à partir des éléments d'un composé combustible, et en particulier d'un composé organique quelconque est égale à la différence entre la chaleur de combustion des éléments qui entrent dans la formation de ce composé et la chaleur de combustion du composé lui-même.*

57. Réactions exothermiques et endothermiques. — Explosifs. — Une réaction est dite exothermique quand elle dégage de la chaleur, endothermique quand elle en absorbe.

Si une réaction endothermique s'accomplit, ou bien elle emprunte de l'énergie au milieu extérieur, ou bien, si le système est isolé, la température s'abaisse, la réaction se ralentit et, le plus souvent, s'arrête avant d'être terminée. De sorte que l'on peut dire d'une façon assez générale, mais non absolument générale, que les réactions endothermiques se produisent rarement d'elles-mêmes et qu'il y faut le plus souvent l'intervention d'une énergie étrangère ; ainsi l'énergie électrique est nécessaire pour décomposer l'eau à la température ordinaire.

Si au contraire une réaction exothermique s'accomplit, il peut arriver qu'elle fournisse de l'énergie au milieu extérieur, il peut arriver aussi que la température s'élève, que la réaction s'accélère au point même de devenir explosive.

On peut donc dire d'une façon assez générale, mais non absolument générale, que les réactions exothermiques ont une tendance à se produire d'elles-mêmes sans l'intervention d'une énergie étrangère. En tout cas toute réaction violente est exothermique.

Un explosif est ou un composé défini comme la nitroglycérine, ou un mélange comme la poudre noire.

Le chlorure d'azote NCl^3, composé endothermique, c'est-à-dire formé à partir des éléments avec absorption de chaleur, est un explosif violent.

La nitroglycérine $C^3H^5(NO^3)^3$ est aussi un explosif, bien qu'elle soit formée à partir des éléments $(3C + 5H + 3N + 9O)$ avec un dégagement de chaleur de $94^{Cal},5$. Mais la transformation de la nitroglycérine dans le système

$$3CO^2 + \frac{5}{2}H^2O + 3N + \frac{1}{2}O \quad \text{dégage } 360^{Cal},9.$$

Dans un explosif il n'y a pas à considérer seulement la chaleur dégagée par la réaction ; ainsi 1^{k} de houille dégage en brûlant dans l'air autant de chaleur que 5^{k} de nitroglycérine. Mais la houille brûle lentement, tandis que la décomposition de la nitroglycérine est presque instantanée (quelques cent-millièmes de seconde) ; la chaleur dégagée n'a pas le temps de se dissiper, et donne lieu à une élévation énorme de la température et de la pression des gaz produits. D'ailleurs le charbon en poudre imprégné d'oxygène liquide peut brûler *instantanément* et constituer un explosif puissant.

Ces gaz sont l'intermédiaire par lequel s'exercent les effets mécaniques ; de telle sorte que pratiquement ceux-ci dépendent à la fois, de la vitesse de la réaction dans des conditions déterminées, de la quantité de chaleur dégagée et du volume des gaz produits.

LIVRE II

PRINCIPALES CLASSES DE CORPS MINÉRAUX ET ANALYSES

CHAPITRE VIII

ACIDES. — BASES. — SELS

58. Généralités sur les notions d'acide, de base et de sel. — On a tout d'abord désigné sous le nom d'*acides* des corps solubles dans l'eau, tels que l'acide du vinaigre ou *acide acétique*, CH^3CO^2H, l'acide chlorhydrique, HCl, l'acide sulfurique, SO^4H^4, l'acide azotique, NO^3H, dont la solution présente une saveur *aigre* et colore en *rouge* la teinture de *tournesol*.

Au contraire, on a appelé *bases* des corps tels que la *chaux*, la *potasse*, le *soude*, dont les solutions présentent une saveur de *jessive* et ramènent au *bleu* le *tournesol rougi* par les acides.

En mélangeant, en proportions convenables, l'une de ces *bases* avec l'un de ces *acides*, on obtient de l'eau et un composé nouveau, sans action sur le tournesol. Ce composé a été nommé *sel*; on a même dit sel neutre, pour rappeler l'inactivité sur le tournesol. Mais il ne faut pas perdre de vue qu'il existe un nombre immense de corps qui n'ont aucune action sur le tournesol, sans avoir aucune analogie avec les sels neutres.

Cela posé, nous commencerons par appeler *acides* les corps bien connus sous les noms d'acide *chlorhydrique*, acide *sulfurique*, acide *azotique*; ce seront pour nous les types des acides. De même, nous appellerons *bases* la *chaux*, Ca(OH)², la *potasse*, KOH, la *soude*, NaOH. Les acides seront des corps plus ou moins analogues à l'acide sulfurique ; les bases, des corps plus ou moins analogues à la chaux ou à la potasse. Étudier la classification de ces corps consiste principalement à reconnaître jusqu'où vont ces analogies.

59. Propriété électrolytique. — Les acides, bases et sels dissous dans l'eau ont en commun la propriété électrolytique, c'est-à-dire la propriété de conduire les courants électriques, non pas comme les métaux en subissant un simple échauffement, mais en se décomposant toujours en deux parties, dont l'une est invariablement de l'hydrogène ou un métal qui apparaît à la sortie du courant. A l'état non plus dissous, mais fondu, beaucoup de sels, quelques acides et des bases peuvent aussi subir l'électrolyse : ainsi on obtient industriellement le sodium en faisant passer un courant électrique dans de la soude en fusion.

60. Acides. — Il est évident que l'action sur le tournesol constitue un caractère très superficiel; s'il était isolé, on ne saurait établir sur un fondement aussi fragile une classification sérieuse.

On appelle *acides* les corps doués d'un ensemble de propriétés, ensemble qui constitue la *fonction acide* et que nous allons détailler.

1° **Action sur la chaux.** — Les acides agissent sur la potasse, KOH, et la chaux hydratée, Ca(OH)². Ainsi, l'acide sulfurique et la chaux donnent du sulfate de calcium et de l'eau suivant la formule : $SO^4H^2 + Ca(OH)^2 = 2H^2O + SO^4Ca$.

On peut utiliser encore l'action non plus sur la chaux éteinte, qui est une *base*, mais bien sur la chaux vive CaO, que l'on considère comme un *oxyde basique*. Avec ce corps, un acide donne encore un sel et de l'eau : $SO^4H^2 + CaO = H^2O + SO^4Ca$.

Tout composé qui agit sur la chaux vive en donnant seulement de l'eau et un sel est un acide, et ce sel est un sel de calcium.

On attache à ce caractère une importance primordiale, parce que ce n'est pas une propriété isolée comme l'action sur le tournesol, mais un caractère type. Une réaction analogue se retrouve avec de nombreux oxydes, appelés comme la chaux vive oxydes basiques, notamment ceux de baryum, BaO, de strontium, SrO, de plomb, PbO, d'argent, Ag^2O, et aussi avec les oxydes alcalins, K^2O et Na^2O, malheureusement difficiles à préparer et peu stables.

Par contre, d'autres oxydes, tels que l'anhydride sulfureux, SO^2, l'anhydride carbonique, CO^2, l'anhydride sulfurique, SO^3, la silice, SiO^2, se combinent avec la chaux vive, CaO, pour donner des sels sans former d'eau. Ce sont des *oxydes acides* ou *anhydrides* dont nous verrons plus loin la parenté avec les acides.

2° Hydrogène fonctionnel acide. — Les acides, tels que nous venons de les définir, contiennent de l'*hydrogène*; pour quelques-uns d'entre eux, notamment pour l'acide chlorhydrique, l'acide sulfurique, l'acide acétique, cet hydrogène apparaît quand l'acide mélangé d'eau agit sur divers métaux. Ainsi ils donnent, avec du zinc, un sel de zinc et de l'hydrogène. Les réactions suivantes sont très connues :

$$SO^4H^2 + Zn = SO^4Zn + H^2 ;$$
$$2HCl + Zn = ZnCl^2 + H^2.$$

Sans doute, l'acide sulfurique concentré donne avec les métaux sur lesquels il peut agir du gaz sulfureux et de l'eau en même temps qu'un sulfate ; l'acide azotique ne donne pas non plus d'hydrogène libre, mais des composés oxygénés de l'azote en même temps que de l'eau et un azotate. Ceci tient à ce que des actions secondaires compliquent le phénomène ; mais la *formation du sel* reste le fait essentiel.

Remarquons enfin, et ceci est encore d'une importance primordiale, que le *sel* formé, qu'il résulte de l'action d'un acide sur une base ou sur un métal, dérive de *l'acide* en remplaçant un ou plusieurs atomes *d'hydrogène* par un ou plusieurs atomes de *métal* en nombre équivalent.

Ainsi, à l'acide azotique, NO^3H, correspondent l'azotate de potassium, NO^3K, l'azotate de calcium, $(NO^3)^2Ca$.

L'acide acétique, $CH^3.CO^2H$, renferme quatre atomes d'hydrogène, dont un seulement est remplaçable par un métal pour donner un sel. Ainsi, on connaît les acétates de potassium et de calcium : $CH^3.CO^2K$ et $(CH^3.CO^2)^2Ca$. L'hydrogène d'un acide qui est remplaçable par un métal s'appelle l'hydrogène fonctionnel acide.

Les acides sont des composés renfermant de l'hydrogène remplaçable directement ou indirectement par une quantité équivalente de métal pour former un sel.

Cette définition, tout comme celle de la page précédente, est très acceptable à la condition que l'on ait tout d'abord précisé celle des *sels*.

Sans cette précaution elle pourrait induire en erreur. En effet, l'acétylène chauffé avec du potassium, du sodium, du lithium, du calcium échange la moitié ou la totalité de son hydrogène contre ces métaux, donnant des acétylures tels que C^2HK et C^2K^2 ; l'acétylène n'est cependant pas rangé parmi les acides, parce qu'il n'agit ni sur la potasse, ni sur la chaux et que les dérivés métalliques dont nous venons de parler sont trop différents des sels usuels. Au lieu de donner avec l'eau des solutions électrolytiques, ils sont décomposés par ce liquide avec formation d'acétylène et d'une base :

$$C^2K^2 + H^2O = C^2H^2 + 2 KOH.$$

De même, le gaz ammoniac donne des dérivés métalliques, NH^2K, NHK^2, NK^3, qui n'ont aucunement le caractère salin, et en outre, la solution aqueuse de gaz ammoniac est une base forte.

3° Action sur les alcools. — Les acides peuvent donner avec les alcools de l'eau et des composés appelés *éthers-sels*. Ainsi, l'acide chlorhydrique donne avec l'alcool ordinaire du chlorure d'éthyle et de l'eau :

$$HCl + C^2H^5OH = C^2H^5Cl + H^2O.$$

C'est là une réaction quelque peu analogue à celle d'un acide sur la potasse, seulement les éthers sont décomposables par l'eau à une température suffisamment élevée en régénérant l'acide et l'alcool dont ils proviennent, et ils ne sont pas décomposables par les courants électriques; ces propriétés les distinguent des sels.

Tels sont les caractères essentiels de la *fonction acide*.

61. Hydracides et oxacides. — On distingue les acides en *hydracides*, tels que l'acide chlorhydrique, qui [ne renferment pas d'oxygène et oxacides tels que l'acide azotique, NO^3H. Ces derniers peuvent être regardés comme résultant de la combinaison de l'eau avec certains oxydes tels que SO^2, SO^3, N^2O^5 nommés *oxydes acides* ou *anhydrides*.

62. Acides simples et acides multiples. — L'acide chlorhydrique fournit avec la potasse un seul sel :

$$HCl + KOH = KCl + H^2O.$$

C'est un acide simple ou monoacide. L'acide sulfurique en forme deux :

$$SO^4H^2 + KOH = SO^4HK + H^2O,$$
$$\text{Sulfate acide}$$
$$SO^4HK + KOH = SO^4K^2 + H^2O.$$
$$\text{Sulfate neutre}$$

C'est un acide double ou biacide.

On dit quelquefois acide bibasique, qualification malencontreuse, l'acide sulfurique n'ayant aucunement la fonction basique.

On peut donc remplacer par du potassium soit la moitié, soit la totalité de l'hydrogène acide. C'est l'une des raisons pour lesquelles on fait figurer H^2 dans la formule de l'acide sulfurique.

De même l'acide orthophosphorique PO^4H^3 est un triacide; il donne trois sels de potasse et aussi trois sels de chaux. La multiplicité de la fonction acide se manifeste surtout avec les alcalis, rarement avec la chaux, très rarement avec les oxydes des métaux lourds.

63. Force des acides. — La force thermochimique est marquée par la quantité de chaleur que dégage la saturation d'une valence-gramme d'acide par la quantité équivalente de potasse, cette saturation correspondant au remplacement d'un gramme d'hydrogène monovalent par le poids équivalent de potassium, soit 39ᵉ. Or, pour un certain nombre d'acides très dissemblables par ailleurs, tels que les acides chlorhydrique, fluorhydrique, nitrique, on trouve pour cette saturation en solutions étendues des résultats tous voisins de 13ᶜᵃˡ,7. La théorie des ions en fournit une explication très intéressante. L'acide chlorhydrique, la potasse, le chlorure de potassium en solution étendue sont considérés comme séparés en ions d'une manière presque complète tandis que l'eau formée n'est pas dissociée. La réaction se formule donc

$$\text{H . Cl} + \text{K . OH} = \text{K . Cl} + (\text{H}^2\text{O}).$$
$$+ \quad - \quad + \quad - \quad + \quad -$$

La chaleur dégagée est celle de la formation de l'eau aux dépens des ions H et OH séparés : le résultat est donc le même quels que soient l'acide et la base, pourvu qu'ils soient entièrement dissociés. On trouve une quantité de chaleur moindre avec les solutions d'acide acétique qui le sont peu. A ce point de vue on appelle acides forts ceux dont la saturation par la potasse dégage au moins 13 calories par valence-gramme d'acide.

64. Modes généraux de préparation des acides. —

La plupart des acides s'obtiennent en faisant agir, à température convenable, un de leurs sels sur l'acide *sulfurique*.

Ainsi l'on obtient l'acide chlorhydrique par l'action de l'acide sulfurique sur un chlorure, l'acide azotique en chauffant un azotate avec de l'acide sulfurique ; l'acide acétique et de nombreux acides organiques s'obtiennent de même en partant de leurs sels et de l'acide sulfurique. Ce dernier acide joue donc un rôle extrèmement important et un peu exceptionnel. Pour lui, il existe un mode particulier de préparation bien connu : la combinaison du gaz sulfureux, SO_2, avec de l'oxygène atmosphérique et de l'eau, en présence d'une matière catalytique (voir les cours de Seconde).

65. Chlorures d'acides. — Aux acides oxygénés se rattachent des dérivés qui en diffèrent par la substitution d'un atome de chlore, Cl, au groupement OH, qui s'appelle oxhydrile. Nous avons déjà cité les chlorures de l'acide azotique et de l'acide sulfurique savoir le chlorure d'azotyle NO_2Cl et le chlorure de sulfuryle SO_2Cl_2. Les chlorures d'acides se forment dans l'action des chlorures de phosphore sur les acides oxygénés ou leurs sels. Il suffit en effet de verser du chlorure de phosphore, PCl_3, en quantité convenable dans l'acide acétique, $CH_3.CO_2H$, et de distiller pour obtenir des vapeurs de *chlorure d'acide acétique* ou *chlorure d'acétyle* faciles à condenser (point d'ébullition 55°,6 à la pression normale). Il reste dans l'appareil distillatoire de l'acide phosphoreux, PO_3H_3 :

$$3(CH_3.CO_2H) + PCl_3 = 3CH_3.COCl + PO_3H_3.$$

Les chlorures d'acides ne peuvent ordinairement se conserver qu'à l'abri de l'humidité ; car ils sont décomposés par l'eau en donnant l'acide dont ils dérivent et en plus de l'acide chlorydrique :

$$CH_3COCl + H_2O = CH_3CO_2H + HCl.$$

Ce sont des corps d'une grande importance surtout en chimie organique, parce qu'ils réagissent très facilement sur un grand nombre de corps notamment sur les alcools en donnant des éthers-sels et sur l'ammoniaque en donnant des mides.

66. Bases. — Par opposition à la notion d'acides, on a désigné tout d'abord sous le nom de bases les corps tels que la potasse, la soude, la chaux qui ramènent au bleu le tournesol rougi par les acides. Mais cette notion si simple ne saurait conduire qu'à une classification tout à fait artificielle. On a tout avantage à placer dans un même groupe *les corps capables, comme la potasse, de s'unir aux acides pour donner uniquement un sel et de l'eau : ce sont les bases.*

On distingue ordinairement dans ce groupe deux catégories : 1° les oxydes métalliques basiques ne contenant pas d'hydrogène, comme l'oxyde de potassium, K^2O, la chaux anhydre, CaO, l'oxyde cuivrique, CuO ; 2° les bases proprement dites que l'on peut regarder comme des combinaisons de l'eau avec ces oxydes basiques :

$$K^2O + H^2O = 2KOH, \qquad CaO + H^2O = Ca(OH)^2.$$

potasse   chaux
éteinte

67. Alcalis. — Les oxydes de potassium et de sodium s'unissent à l'eau directement, avec un grand dégagement de chaleur. On retrouve ainsi les hydrates tels que la potasse caustique, KOH, et la soude caustique, $NaOH$, qui sont extrêmement solubles dans l'eau, qui s'unissent aux acides avec un dégagement de chaleur considérable, bleuissent le tournesol et fixent le gaz carbonique.

Ces hydrates ou alcalis sont indécomposables par la chaleur ; la plupart de leurs sels sont solubles dans l'eau, notamment les phosphates, sulfates et carbonates, et indécomposables par la chaleur. On dit pour ces raisons que les alcalis sont des *bases fortes* ; il en est de même pour les bases *alcalino-terreuses.*

68. Bases alcalino-terreuses. — La chaux vive, CaO, ou chaux anhydre, la strontiane anhydre, SrO, et la baryte anhydre, BaO, ont l'aspect de *terres*. Elles se combinent à l'eau avec énergie, mais les *hydrates* ainsi formés : la baryte hydratée, $Ba(OH)^2$, la chaux éteinte, $Ca(OH)^2$, et la strontiane, $Sr(OH)^2$, n'ont dans l'eau qu'une solubilité limitée.

Ces *bases* s'unissent aux acides avec énergie, bleuissent le tournesol et fixent le gaz carbonique.

Ces analogies avec les alcalis les font appeler bases alcalino-terreuses.

La baryte hydratée est indécomposable par la chaleur, et il en est de même du carbonate de baryum ; la chaux éteinte, la strontiane et les carbonates correspondants redonnent au rouge vif les oxydes anhydres.

Les phosphates, carbonates et sulfates alcalino-terreux sont insolubles ou peu solubles dans l'eau et les sulfates sont indécomposables par la chaleur.

69. Oxydes basiques des métaux lourds. — Parmi les divers oxydes que peut donner avec l'oxygène un même métal, ce sont en général les moins riches en oxygène qui manifestent les caractères basiques.

Les oxydes basiques formés à partir des métaux *lourds*, c'est-à-dire des métaux *plus denses* que les *métaux alcalins* et *alcalino-terreux*, ne se combinent pas à l'eau directement. Ils y sont absolument *insolubles*, à l'exception toutefois de la magnésie dont la solubilité est appréciable.

Ils ne bleuissent pas le tournesol et n'attirent pas le gaz carbonique, à l'exception encore de la magnésie et de l'oxyde d'argent.

Ils s'unissent par contre directement aux acides en donnant uniquement un sel et de l'eau,

On a par exemple la réaction :

$$CuO + SO^4H^2 = SO^4Cu + H^2O.$$

Mais cette combinaison dégage bien moins de chaleur qu'avec les alcalis et donne des composés moins stables.

Les oxydes basiques des métaux lourds sont pour cette raison appelés des *bases faibles*.

Elles sont déplacées de leurs sels par les bases solubles, conformément aux lois de Berthollet (V. chap. IX).

Ainsi quand on verse une dissolution alcaline dans du chlorure de mercure, il se dépose de l'oxyde de mercure basique, HgO, suivant la formule

$$2\ KOH + HgCl^2 = HgO + H^2O + 2\ KCl;$$

de même la potasse déplace l'oxyde d'argent :

$$2\ NO^3Ag + 2\ KOH = Ag^2O + H^2O + 2\ NO^3K.$$

Mais la précipitation d'un oxyde basique *anhydre*, est un fait exceptionnel ; le plus souvent on obtient un oxyde hydraté ou hydrate basique.

Ainsi avec les sels de plomb on a l'hydrate plombique, Pb(OH)² :

$$(NO^3)^2Pb + 2\ KOH = 2\ NO^3K + Pb\ (OH)^2;$$

avec ceux de cuivre, on a l'hydrate cuivrique :

$$SO^4Cu + 2\ KOH = SO^4K^2 + Cu(OH)^2.$$

Ces composés rappellent les combinaisons de l'eau avec les oxydes alcalins et alcalino-terreux ; mais ils se déshydratent bien plus facilement. L'hydrate cuivrique bleu se sépare à 100° en eau et oxyde noir de cuivre, CuO.

Certains métaux peuvent donner plusieurs oxydes basiques, tel est le cuivre auquel correspondent l'oxyde cuivreux, Cu²O (rouge), et l'oxyde cuivrique, CuO (noir), qui peuvent être aussi obtenus à l'état de précipités hydratés (respectivement orangé et bleu) ; tel est encore le fer qui donne les hydrates basiques Fe (OH)² hydrate ferreux, vert, et Fe (OH)³ hydrate ferrique, couleur de rouille.

L'hydrate ferrique, Fe (OH)³, et l'alumine, Al (OH)³, comptent parmi les bases les plus faibles ; ces corps ne se combinent pas aux *acides* très *faibles* comme l'acide *carbonique*.

70. Bases volatiles. — Les bases que nous venons d'étudier, ou bien se décomposent par la chaleur comme les oxydes des métaux précieux, ou bien ne peuvent se vaporiser qu'à température extrêmement élevée, Il existe aussi des bases volatiles. La plus connue est la solution aqueuse du *gaz ammoniac* NH^3, encore appelée *ammoniaque* ou *alcali volatil*. On la formule quelquefois $(NH^4).OH$ pour rappeler son analogie avec la potasse, KOH. Elle bleuit le tournesol et forme avec les acides de l'eau et des sels définis, les sels ammoniacaux ou sels d'ammonium :

$$NH^4.OH + HCl = H^2O + NH^4.Cl.$$
ammoniaque   chlorure d'ammonium

On sait préparer un grand nombre de bases organiques plus ou moins analogues à l'ammoniaque, ce sont les *amines* ou *ammoniaques composées*.

71. Sels. — On appelle *sels* les combinaisons *électrolysables* qui se produisent en même temps que de l'eau dans l'action d'un *acide* sur une base. Ainsi l'acide chlorhydrique forme avec la soude du *sel marin*, $NaCl$, que l'on peut regarder comme le type des sels :

$$HCl + NaOH = H^2O + NaCl.$$

Il convient de même d'appeler *sels* les combinaisons d'un *oxyde acide* ou *anhydride* avec un *oxyde basique*. Ainsi du gaz carbonique arrivant sur de la chaux vive concassée peut donner du carbonate de chaux :

$$CO^2 + CaO = CO^3Ca.$$

Comme nous l'avons déjà dit, les sels diffèrent des acides correspondants par substitution d'un *métal* à de l'*hydrogène* contenu dans ces acides. Il suffit de remplacer dans la formule HCl de l'acide chlorhydrique, l'hydrogène par des quantités équivalentes de divers métaux pour obtenir les formules des chlorures : Il peut être remplacé par les symboles K, Na, Ag des métaux monovalents ; les symboles Ca, Zn, etc., des métaux divalents se substituent à H^2 et ainsi de suite.

72. Sels neutres et sels acides. — L'idée des sels neutres nous est donnée par l'action des acides forts sur les alcalis. Ainsi l'acide sulfurique ajouté graduellement à de la potasse jusqu'à neutralité au tournesol donne le sulfate neutre de potassium, suivant la réaction

$$SO^4H^2 + 2KOH = SO^4K^2 + 2H^2O.$$

Mais on connait un autre sulfate de potassium, appelé sulfate acide ou bisulfate, obtenu en ajoutant à la solution du sulfate neutre une quantité d'acide sulfurique égale à celle qui a servi à le former :

$$SO^4H^2 + SO^4K^2 = 2SO^4HK.$$
$$\text{sulfate acide}$$

De même, l'acide phosphorique peut donner avec la potasse trois sels

$$PO^4H^2K, \quad PO^4HK^2 \quad \text{et} \quad PO^4K^2.$$

Les deux premiers sont des sels acides parce qu'ils contiennent encore de l'hydrogène acide, c'est-à-dire remplaçable par du potassium pour donner le troisième sel qui est le phosphate neutre.

Sels basiques. — Inversement, quelques sels peuvent, pour la même quantité de radical acide, contenir plus de métal que le sel neutre correspondant. Ainsi l'hydrate de

$$\text{bismuth Bi} \begin{cases} OH \\ - OH \\ OH \end{cases} \text{qui est une base triple donne le nitrate}$$

neutre $(NO^3)^3Bi$.

Ce sel mis dans l'eau se décompose en acide azotique et divers nitrates basiques. Ces derniers peuvent être regardés comme des combinaisons peu stables du *nitrate neutre* avec un excès *d'oxyde de bismuth et d'eau* ; on connait notamment l'azotate basique :

$$(NO^3)Bi, Bi^2O^3, 3H^2O \text{ ou, sous une forme plus simple : Bi} \begin{cases} NO^3 \\ - OH. \\ OH \end{cases}$$

Beaucoup d'autres bases peuvent de même fournir des sels basiques, généralement insolubles dans l'eau mais plus difficiles à isoler que les sels basiques de bismuth.

CHAPITRE IX

LOIS DE BERTHOLLET

73. Généralités sur les lois de Berthollet. — Les
réactions entre un *sel* et un autre *sel*, un *acide* ou une *base*,
le tout *en dissolution*, suivent dans l'immense majorité des
cas des lois très simples dites lois de Berthollet.

On sait aujourd'hui que de telles dissolutions sont plus
ou moins dissociées en ions. Par exemple, dans une solution
de sel marin on a du sel non dissocié et des ions Na et Cl :

$$NaCl = \overset{+}{Na} + \overset{-}{Cl}.$$

Il y a dissociation électrolytique, c'est-à-dire un certain
équilibre entre les proportions d'ions libres Na et Cl et la
concentration du chlorure de sodium NaCl non décomposé.

Quand on met en présence une solution de sel marin et
une autre de nitrate d'argent, c'est-à-dire en réalité les ions

$$\overset{+}{Na}, \overset{-}{Cl}, \overset{+}{Ag}, \overset{+}{NO^3},$$

l'insolubilité du chlorure d'argent, AgCl, fait que la précipitation de ce sel se poursuit jusqu'à ce qu'il n'y ait plus de
chlore, $\overset{-}{Cl}$, ou d'argent, $\overset{+}{Ag}$, à l'état d'ions. En effet, puisque
la concentration du chlorure d'argent non décomposé est
nécessairement nulle, une certaine proportion des deux ions
Ag et Cl se recombineraient pour donner une nouvelle proportion de sel et ainsi de suite jusqu'à ce que la totalité du
chlore ou la totalité de l'argent (suivant que l'un ou l'autre

est en excès) ait été précipitée. En d'autres termes le chlorure d'argent *s'élimine* comme disait Berthollet, *du champ de la réaction* ᵍ.. peut dès lors devenir complète ; il en est de même si l'un des corps engendrés peut s'éliminer en s'évaporant. De là l'énoncé général suivant, qui est en réalité une *remarque* d'une grande importance pratique et qu'on appelle les *lois de Berthollet* :

Si un sel peut donner, en réagissant sur un autre sel, sur un acide ou sur une base, un corps qui na peut rester dissous ou qui se vaporise dans les conditions de l'expérience, il arrive ordinairement que ce corps se produit et que la réaction est complète.

74. Formation d'un composé insoluble. — *a. Sel sur sel.* — Tous les chlorures dissous réagissent sur le nitrate d'argent pour former du chlorure d'argent insoluble :

$$NaCl + NO^3Ag = AgCl + NO^3Na.$$

Des solutions saturées à chaud de nitrate de sodium et de chlorure de potassium donnent par leur mélange et pendant la concentration une cristallisation de sel marin peu soluble même à chaud :

$$NO^3Na + KCl = NO^3K + NaCl.$$

b. Sel sur acide. — Pour qu'une réaction soit à prévoir, il faut qu'il puisse se former un acide insoluble ou un sel insoluble. Comme acide minéral insoluble dans l'eau il n'y a guère à citer ici que la silice.

Les silicates alcalins dissous donnent en effet un précipité de silice gélatineuse au contact des acides forts :

$$SiO^3Na^2 + 2HCl = 2NaCl + SiO^2.H^2O.$$
(insoluble)

Mais on a des précipités de sels insolubles par l'action d'un sel d'argent sur l'acide chlorhydrique, par celle d'un sel de baryum soluble sur l'acide sulfurique :

$$BaCl^2 + SO^4H^2 = 2HCl + SO^4Ba.$$
(insoluble)

c. Sel sur base. — Tous les sels des métaux lourds donnent des précipités d'oxydes hydratés avec les alcalis :

$$SO^4Cu + 2KOH = SO^4K^2 + Cu(OH)^2.$$
$$\text{(insoluble)}$$

Un sulfate soluble quelconque donne avec la baryte du sulfate de baryum insoluble :

$$SO^4Na^2 + Ba(OH)^2 = 2NaOH + SO^4Ba.$$

75. Formation d'un composé volatil. — *a. Sel sur sel.* — Seuls quelques sels ammoniacaux sont assez volatils pour s'échapper en vapeur de leur dissolution. Une réaction dans le sens prévu par les lois de Berthollet se manifeste dès que l'on chauffe un mélange de sulfate d'ammoniaque et de carbonate de soude dissous, il se dégage de la vapeur d'eau entraînant du carbonate d'ammonium.

b. Sel sur acide. — Tous les carbonates, sulfites, sulfures dissous réagissent sur les acides forts avec dégagement de gaz carbonique, de gaz sulfureux ou d'hydrogène sulfuré.

c. Sel sur base. — Tous les sels ammoniacaux chauffés avec une base fixe alcaline ou avec une base alcalino-terreuse dégagent du gaz ammoniac :

$$NH^4Cl + KOH = KCl + NH^3 + H^2O.$$
$$\text{(volatil)}$$

Les remarques de Berthollet se vérifient dans un très grand nombre de réactions couramment utilisées dans l'industrie ou dans l'analyse, ce qui leur donne une grande importance pratique. Cependant il importe d'observer qu'elles peuvent se trouver en défaut si les réactions qu'elles prévoient sont endothermiques. Ainsi les carbonates insolubles se dissolvent dans l'acide nitrique ou l'acide chlorhydrique même en présence d'une quantité d'eau suffisante pour que le gaz carbonique demeure dissous :

$$CO^3Ca + 2HCl = CaCl^2 + CO^2 \text{ dissous.}$$

De même le phosphate de chaux se dissout dans les mêmes acides ce qui est contraire aux lois de Berthollet.

Dans l'action d'un sel sur un sel on ne trouve que de très rares exceptions. On peut citer celle de l'oxalate de potassium et du chlorure mercurique. D'après les lois de Berthollet, ces deux sels devraient réagir et former de l'oxalate mercurique insoluble ; c'est le contraire qui se produit :

$$(CO^2)^2Hg + 2KCl = (CO^2)^2K^2 + HgCl^2.$$
$$\text{(insoluble)} \qquad \text{(soluble)} \qquad \text{(soluble)}$$

Pour trouver des exceptions dans l'action d'un sel sur une base il faut prendre des cyanures (qui s'écartent par certains caractères des véritables sels). Ainsi les lois de Berthollet prévoient que le cyanure de mercure soluble doit réagir sur la potasse pour donner de l'oxyde mercurique jaune insoluble, comme le font les autres sels de mercure.

C'est le contraire qui a lieu : l'oxyde mercurique précipité se dissout dans le cyanure de potassium suivant la formule

$$2KCy + HgO + H^2O = 2KOH + HgCy^2.$$
$$\text{(soluble)} \qquad \text{(soluble)}$$

En somme, on voit que les lois de Berthollet comportent si peu d'exceptions qu'elles constituent un guide extrêmement précieux, lorsqu'il s'agit de prévoir des réactions entre corps dissous ou même quelquefois entre corps solides ; mais il importe d'observer que ces lois s'appliquent seulement aux électrolytes ; les réactions qu'elles visent semblent être, pour la plupart sinon pour toutes, des réactions d'ions. Elles se distinguent des réactions d'équilibre chimique ordinaire par leur rapidité extrême. Celles qui se produisent entre corps dissous et qui sont de beaucoup les plus fréquentes paraissent tout à fait instantanées.

CHAPITRE X

ÉTUDE PARTICULIÈRE DE QUELQUES CLASSES DE COMPOSÉS

76. Oxydes. — Les composés des corps simples avec l'oxygène sont considérés, depuis Lavoisier, comme ayant une importance exceptionnelle. Ils sont extrêmement nombreux. La plupart des corps simples peuvent en former un ou plusieurs par union directe avec l'oxygène, souvent même avec un dégagement de chaleur considérable ; on a alors des phénomènes de combustion vive dans l'oxygène, par exemple, avec l'hydrogène, le soufre, le phosphore, le carbone et divers métaux.

Stabilité. — Les oxydes ainsi formés sont naturellement très stables ; il n'y a même que très peu d'oxydes qui puissent être complètement décomposés par la chaleur, c'est-à-dire avec mise en liberté des éléments, ce sont ceux de l'azote, du chlore et des métaux précieux.

77. Oxydes des métalloïdes. — Les oxydes des métalloïdes sont le plus souvent gazeux ou volatils, mais il en est aussi qui sont remarquablement fixes : le *silice, l'anhydride borique* sont les plus difficiles à vaporiser.

Aucun d'eux n'est basique et quelques-uns sont neutres comme l'eau, H_2O, l'oxyde azoteux, N_2O, l'oxyde azotique, NO, l'oxyde de carbone, CO ; mais la plupart sont des *anhy-*

drides ou oxydes acides (§ 61) : tels sont les oxydes du soufre, les anhydrides phosphoreux, P^2O^3 et phosphorique P^2O^5.

78. Oxydes des métaux. — On appelle métaux les corps simples qui forment au moins un oxyde basique. Mais il est beaucoup de métaux qui peuvent donner des oxydes de propriétés très différentes. Les oxydes les moins oxygénés sont alors basiques, tels sont les oxydes du chrome, CrO (protoxyde) et Cr^2O^3 (sesquioxydes). Les plus oxygénés peuvent être des oxydes acides ou anhydrides comme l'anhydride chromique, CrO^3, qui rappelle l'anhydride sulfurique, SO^3, et qui donne des chromates tout à fait comparables aux sulfates.

Nous avons longuement étudié les *oxydes basiques* dont l'importance est considérable (§ 69).

On appelle *oxydes indifférents*, des oxydes tels que ceux de zinc et d'aluminium, ZnO et Al^2O^3, qui ont le double caractère d'oxydes basiques et d'anhydrides, car ils se combinent avec les acides et avec les bases :

$$ZnO + SO^4H^2 = \qquad SO^4Zn \qquad + H^2O,$$
sulfate de zinc

$$ZnO + 2KOH = \qquad ZnO^2K^2 \qquad + H^2O.$$
zincate de potasse

Enfin il existe une catégorie d'oxydes qui ressemblent aux sels, étant formés par combinaison d'un oxyde acide et d'un oxyde basique du même métal, ce sont les *oxydes salins*. Tels sont le minium, Pb^3O^4, combinaison de l'oxyde acide PbO^2 (bioxyde) et de l'oxyde basique, PbO, (protoxyde). En effet, quand on le met dans l'acide azotique étendu, il donne une solution de nitrate de plomb, sel de la *base* PbO, et un précipité couleur marron d'*anhydride* plombique, PbO^2. L'oxyde magnétique de fer, Fe^3O^4, est une combinaison de FeO et Fe^2O^3.

On appelle oxydes *singuliers* des peroxydes tels que K^2O^2,

Na²O², CaO², BaO², qui ne sont ni acides, ni basiques, ni salins. Ces oxydes ne sont pas d'ailleurs inactifs vis-à-vis des acides comme le seraient des oxydes véritablement neutres; ils perdent de l'oxygène et forment des sels de l'oxyde basique correspondant, ou bien ils donnent de l'*eau oxygénée* On a ainsi les réactions :

$$BaO^2 + SO^4H^2 = SO^4Ba + O + H^2O \text{ (avec l'acide concentré),}$$
$$BaO^2 + SO^4H^2 = SO^4Ba + H^2O^2 \text{ (avec l'acide étendu).}$$

Rappelons qu'avec l'acide chlorhydrique concentré et les peroxydes, on peut avoir un dégagement de chlore.

Un très grand nombre d'oxydes s'obtiennent par union directe des éléments ; de cette manière se préparent dans l'industrie l'anhydride sulfureux, les oxydes du zinc et du plomb.

Le mode de préparation le plus général consiste dans la calcination des azotates et aussi des carbonates.

Nous avons vu (§ 69) comment on obtient par précipitation de leurs sels, au moyen d'un alcali, les oxydes basiques insolubles.

La nature offre une grande variété d'oxydes quelquefois brillamment cristallisés comme le quartz ou cristal de roche *(silice cristallisée)*, le corindon *(alumine cristallisée)*, le fer oligiste *(sesquioxyde de fer cristallisé)*. Beaucoup d'oxydes ont une grande importance industrielle comme minerais (oxydes naturels de fer, d'aluminium, d'étain, de cuivre, etc.)

79. Caractères. — Les oxydes n'ont pas de caractères généraux bien tranchés, cependant ils se distinguent des métaux correspondants par leur propriété de donner avec du charbon à température suffisamment élevée de l'oxyde de carbone ou du gaz carbonique. Pour l'oxyde de cuivre, la réaction se démontre en chauffant dans un tube de verre peu fusible le mélan e d'oxyde et de charbon ; il se fait du gaz carbonique. L'oxyde de zinc réagit à température plus élevée et donne de l'oxyde carbone. La silice, la chaux, l'alumine ne sont réduits par le charbon qu'à des températures très élevées données par les fours électriques.

80. Sulfures. — **État physique.** — De même qu'un même métal donne ordinairement divers oxydes, il peut aussi former plusieurs sulfures. Ainsi on a décrit jusqu'à cinq sulfures de sodium.

Quelques sulfures de métalloïdes sont volatils, notamment le sulfure de carbone, CS^2, et le chlorure de soufre S^2Cl^2. L'hydrogène sulfuré, H^2S, est même plus volatil que l'eau ; les autres sulfures sont des corps solides d'une vaporisation très difficile ou tout à fait impossible ; mais les sulfures sont d'ordinaire plus facilement fusibles que les oxydes correspondants.

Aux hydrates, solubles dans l'eau, des métaux alcalins et alcalino-terreux correspondent les sulfhydrates pareillement solubles tels que KSH et $Ca(SH)^2$. Les sulfures des métaux lourds sont insolubles dans l'eau. Obtenus par précipitation, ils sont les uns solubles, les autres insolubles dans les acides étendus ; un grand nombre d'entre eux se distinguent par des colorations caractéristiques.

81. Sulfures salins, sulfures acides, sulfures basiques et sulfo-sels. — Un grand nombre de sulfures dérivent de l'acide sulfhydrique, H^2S, et présentent bien les caractères ordinaires des *sels* ; il en est ainsi par exemple pour le sulfure de fer, FeS, le sulfure de zinc, ZnS. Les sulfures alcalins KSH et K^2S sont évidemment les sels de potassium acide et neutre de l'acide sulfhydrique ; cependant ils présentent une très forte réaction *alcaline*, comme les composés oxygénés correspondants.

On a vu qu'il y a des oxydes *acides* et des oxydes *basiques* qui peuvent en se combinant former des sels. Des propriétés comparables se manifestent avec quelques sulfures. En effet, les sulfures de carbone, d'arsenic, d'antimoine, d'étain s'unissent aux sulfures alcalins avec lesquels ils forment des sortes de sels où le soufre tient lieu d'oxygène, ce sont les *sulfosels*. Ainsi le sulfure de carbone donne avec le sulfure de potassium la réaction.

$$CS^2 + K^2S = CS^3K^2 \text{ (sulfocarbonate de potassium).}$$

La solubilité, utilisée dans l'analyse, des sulfures d'arsenic, d'antimoine et d'étain dans les sulfures alcalins s'explique par cette formation de *sulfosels* solubles.

Ces propriétés établissent un rapprochement remarquable entre le soufre et l'oxygène.

82. Oxydation des sulfures et sulfuration des oxydes. — Les sulfures chauffés dans l'air s'oxydent. Ils peuvent donner des sulfates :

$$PbS + 40 = SO^4Pb.$$

Si la température est assez élevée pour décomposer le sulfate, on obtient du gaz sulfureux et un oxyde métallique :

$$ZnS + 30 = SO^2 + ZnO.$$

C'est en grande partie l'affinité du soufre pour l'oxygène qui détermine ces réactions, car inversement le soufre réduit à chaud la plupart des oxydes et les réduit même tous sans exception en présence d'un carbonate alcalin. Il se forme un sulfure métallique et du gaz sulfureux ou un sulfate.

83. État naturel et préparation. — Au point de vue minéralogique, les sulfures sont, pour la plupart des métaux lourds, excepté pour le fer, des minerais bien plus abondants que les oxydes. Le sulfure de cuivre, Cu^2S, le sulfure de plomb ou galène, PbS, le sulfure de zinc ou blende, ZnS, le sulfure de mercure ou cinabre, HgS, sont les principaux minerais des métaux correspondants. Les sulfures de fer, de plomb et de cuivre naturels présentent ordinairement un éclat métallique tout à fait remarquable.

Les mêmes sulfures s'obtiennent artificiellement à l'état amorphe. Le cuivre, le fer et beaucoup d'autres métaux chauffés avec du soufre s'y combinent avec incandescence. Il n'y a guère que les sulfures d'or et de platine qui ne se forment pas directement.

L'hydrogène sulfuré réagit sur de nombreux sels dissous ou en suspension dans l'eau pour former des sulfures insolubles, généralement colorés ; et la réaction se fait quel que soit l'acide du sel, de sorte que l'hydrogène sulfuré considéré comme un acide faible peut ici en présence d'une quantité d'eau suffisante déplacer les acides les plus forts.

Ainsi les chlorures d'arsenic ($AsCl^4$), d'étain ($SnCl^4$), d'antimoine ($SbCl^3$), donnent les sulfures As^2S^3 et SnS^2 (jaunes), Sb^2S^3 (orangé), avec mise en liberté d'acide chlorhydrique.

On a par exemple la réaction

$$SnCl^4 + 2\,H^2S = SnS^2 + 4\,HCl.$$

Ces sulfures sont solubles dans les sulfures alcalins. Ceux de plomb, cuivre, mercure, argent se forment de même, seulement ils sont noirs et insolubles dans les mêmes sulfures alcalins.

On comprend que la formation très facile de ces sulfures et leurs colorations diverses puissent être utilisées pour reconnaître les métaux dans leurs sels.

Dans le même but on utilise la formation du sulfure de fer noir et du sulfure de manganèse rose qui sont solubles dans les acides et ne peuvent pas s'obtenir au moyen de l'hydrogène sulfuré, mais par l'action d'un sulfure alcalin soluble. Ainsi on a la réaction :

$$SO^4Fe + K^2S = SO^4K^2 + FeS.$$

84. Caractères. — Les sulfures solubles comme l'hydrogène sulfuré lui-même peuvent se reconnaître par le précipité noir qu'ils donnent avec les sels de cuivre ou de plomb.

Tous les sulfures métalliques se convertissent en sulfates sous l'action des oxydants énergiques tels que l'acide azotique, l'eau de chlore ou l'eau de brome.

La plupart des sulfures métalliques naturels donnent du gaz sulfureux quand on les grille à l'air.

85. Chlorures. — **Propriétés générales.** — Le chlorure de sodium a été pris depuis longtemps comme le type
des sels.

Les chlorures sont solubles dans l'eau excepté le chlorure
d'argent, le chlorure mercureux et le chlorure cuivreux. Le
chlorure de plomb est très peu soluble dans l'eau froide,
mais notablement soluble dans l'eau bouillante.

Les chlorures d'or et de platine se décomposent en chlore
et métal quand on les chauffe; mais la plupart des autres,
même celui d'argent, peuvent fondre sans se décomposer.
Les chlorures sont les plus volatils de tous les sels.

État naturel et préparation. — A l'état naturel on
trouve les chlorures alcalins dans la mer et les gisements
salins de Stassfurt; le chlorure d'argent (argent corné) est
un minerai de ce métal.

Les chlorures se produisent dans l'action du chlore sur les
métaux. Ainsi le cuivre, l'étain brûlent dans le chlore et
aucun métal ne résiste à l'action du chlore humide.

On peut aussi obtenir les chlorures en partant de l'acide
chlorhydrique. Cet acide transforme, avec plus ou moins de
facilité, en chlorures, tous les métaux excepté l'or et le platine. Mais si un métal peut donner plusieurs chlorures, il
donne avec l'acide chlorhydrique le moins riche en chlore.
Ainsi avec le fer on a la réaction

$$Fe + 2HCl = FeCl^2 + 2H,$$
$$\text{chlorure ferreux}$$

tandis qu'en faisant passer du *chlore* en *excès* sur du fer
chauffé on obtient le composé le plus riche en chlore :

$$Fe + 3Cl = FeCl^3.$$
$$\text{chlorure ferrique}$$

Les chlorures peuvent s'obtenir en faisant agir l'acide
chlorhydrique sur les oxydes, les carbonates et certains
sulfures.

On a par exemple les réactions

$$ZnO + 2HCl = ZnCl^2 + H^2O,$$
$$CO^3Ca + 2HCl = CaCl^2 + H^2O + CO^2,$$
$$BaS + 2HCl = BaCl^2 + H^2S.$$

Caractères. — Les chlorures solubles se reconnaissent à ce qu'ils donnent avec l'azotate d'argent un précipité blanc caillebotté de chlorure d'argent soluble dans l'ammoniaque Ce précipité se décompose peu à peu à la lumière en devenant bleuâtre puis tout à fait noir.

Ces mêmes chlorures chauffés avec un oxydant dégagent du chlore. Les chlorures insolubles donnent du chlorure de sodium soluble par simple ébullition avec une solution concentrée de carbonate de soude.

86. Nitrates. — Les nitrates sont des sels solubles dans l'eau excepté quelques nitrates basiques comme ceux de bismuth et de mercure.

Tous les nitrates chauffés se décomposent. Ceux qui résistent le mieux à la chaleur sont les nitrates alcalins et celui d'argent. Ceux-ci fondent d'abord puis se décomposent en nitrite et oxygène, suivant une formule telle que la suivante :

$$NO^3K = NO^2K + O.$$

A température plus élevée, le nitrite dégage des vapeurs nitreuses complexes et laisse un résidu d'oxydes.

Le nitrate de plomb donne par la chaleur du protoxyde de plomb, du peroxyde d'azote et de l'oxygène :

$$(NO^3)^2Pb = PbO + NO^3 + O.$$

Les autres nitrates chauffés donnent à la fois tous les produits précédents. Dans tous les cas, il se dégage ainsi de l'oxygène et des composés oxygénés de l'azote, ce qui détermine le caractère oxydant des nitrates.

On sait qu'il fusent sur un charbon incandescent et forment des mélanges explosifs avec le soufre et le charbon.

On reconnaît les nitrates aux vapeurs rougeâtres, principalement formées de peroxyde d'azote, NO^2, qu'ils donnent quand on les chauffe avec des copeaux de cuivre et de l'acide sulfurique.

On sait que les nitrates les plus importants sont le nitrate de soude qu'on retire du sol au Pérou et au Chili et le nitrate de chaux qu'on fabrique artificiellement en partant de l'acide nitrique de synthèse. Ces deux nitrates sont principalement utilisés comme engrais chimiques azotés. Le nitrate de soude sert encore à faire l'acide azotique.

87. Sulfates. — Les sulfates sont, comme les nitrates, des sels généralement solubles dans l'eau. On ne connaît, en fait de sulfates insolubles ou très peu solubles, que ceux des métaux alcalino-terreux et du plomb. Ils sont moins fusibles que les chlorures et résistent moins à l'action décomposante de la chaleur tout en étant plus stables que les nitrates. Les sulfates alcalins et alcalino-terreux ne sont pas décomposés à la température du rouge vif. Le sulfate de plomb fond sans se décomposer. Le sulfate de cuivre, le sulfate ferrique donnent au rouge sombre un oxyde métallique et de l'anhydride sulfurique :

$$SO^4Cu = CuO + SO^3,$$
$$(SO^4)^3Fe^2 = Fe^2O^3 + 3SO^3.$$

Le sulfate de zinc, qui se décompose à température plus élevée, donne du gaz sulfureux et de l'oxygène suivant la formule $\qquad SO^4Zn = SO^2 + O + ZnO.$

Le charbon agit sur tous les sulfates à partir du rouge sombre et les réduit en sulfures :

$$SO^4Ba + 4C = BaS + 4CO.$$

Les sulfates alcalins et le sulfate de magnésium existent dans la mer et les gisements de Stassfurt. On trouve dans la terre les sulfates insolubles de calcium, strontium et baryum.

Un certain nombre de sulfates ont une grande importance industrielle ; les principaux sulfates naturels sont ceux de calcium (gypse), SO^4Ca2H^2O, de baryum et de magnésium ; les principaux sulfates artificiels sont le sulfate de sodium, matière première de la fabrication de la soude Leblanc et du verre commun, les aluns et les vitriols (sulfates de cuivre, de fer et de zinc).

Les sulfates solubles sont des sels bien définis pouvant donner de belles cristallisations. Ils forment plusieurs séries fort intéressantes de sels isomorphes (§ 40) notamment les sulfates de la série magnésienne dont le type est $SO^4Mg\ 7H^2O$, et les aluns.

Caractères. — Les sulfates solubles se reconnaissent au précipité blanc insoluble dans l'eau et dans les acides qu'ils donnent avec le chlorure de baryum. Un sulfate insoluble donne du sulfate de sodium soluble par simple ébullition avec une solution concentrée de carbonate de sodium.

Les sulfates insolubles ou peu solubles, le sulfate de calcium par exemple, peuvent aussi être reconnus en les chauffant au rouge avec du charbon dans un récipient clos. Ils se convertissent ainsi en sulfures, qui dégagent, sous l'action des acides forts, de l'hydrogène sulfuré facile à caractériser par son odeur ou sa propriété de noircir une pièce d'argent.

88. Carbonates. — Au contraire des sels précédents, les carbonates sont des sels peu solubles dans l'eau. Parmi les carbonates neutres des métaux usuels, il n'y a que ceux de potassium et de sodium qui soient solubles, mais, à la faveur d'un excès de gaz carbonique, un grand nombre de carbonates, celui de magnésium notamment, présentent une solubilité très notable attribuée à la formation de bicarbonates. Il n'y a aussi que les carbonates neutres alcalins et celui de baryum qui résistent au rouge vif sans se décomposer. Les autres donnent tous un oxyde et du gaz carbonique.

Tous les carbonates sont réduits par le charbon et donnent le métal correspondant ou un carbure de ce métal à température suffisamment élevée :

$$CO^3K^2 + C = K^2 + 3CO\,;$$

avec le carbonate de baryum on a successivement les deux réactions

$$CO^3Ba + C = BaO + 2CO \quad \text{au rouge,}$$

et
$$BaO + 3C = C^2Ba + CO \quad \text{vers } 3000°.$$

Des carbonates insolubles s'obtiennent facilement par double décomposition suivant les lois de Berthollet entre un carbonate alcalin dissous et un sel soluble d'un autre métal. Ainsi

$$CO^3Na^2 + SO^4Mn = CO^3Mn + SO^4Na^2.$$

Les carbonates alcalino-terreux et surtout celui de calcium sont des composés naturels extrêmement abondants et très importants.

Les carbonates se reconnaissent très facilement au dégagement de gaz carbonique, CO^2, qu'on obtient quand on les traite par un acide fort. On dit à cause de cela qu'ils font effervescence avec les acides. On pourrait avoir une effervescence analogue avec quelques sulfures et quelques sulfites ; mais le gaz carbonique dégagé se distingue immédiatement par son absence d'odeur et sa propriété de troubler l'eau de chaux.

Silicates. — Les *silicates* sont des sels de première importance entrant en proportion dominante dans la composition des roches ; mais ce sont des composés très complexes et assez mal connus.

Ils sont très stables. Les silicates simples sont plus fusibles que les oxydes correspondants et les silicates doubles ou triples encore plus fusibles. Il n'y a que les silicates alcalins qui soient solubles dans l'eau.

CHAPITRE XI

CLASSIFICATION DES CORPS SIMPLES.

89. Familles naturelles. — Un nombre suffisant de corps, appartenant aux catégories les plus diverses, ayant été étudiés dans les cours de Seconde et de Première, il importe de présenter un tableau d'ensemble des éléments groupés autant que possible en familles. Nous entendons par *famille naturelle* un groupe de corps ayant diverses propriétés communes et tels que chacun d'eux ressemble plus à ceux du même groupe qu'à des corps d'un groupe voisin.

90. Métaux et métalloïdes. — On appelle métaux les corps simples plus ou moins analogues aux métaux usuels tels que le fer, le cuivre, etc. Ces corps sont opaques et doués d'un éclat particulier qui suffit à caractériser la plupart d'entre eux. A l'état solide et à l'état liquide, ils sont conducteurs pour la chaleur et l'électricité. La propriété chimique ordinairement regardée comme *caractéristique* de la fonction *métal* est celle de former avec l'oxygène au moins un *oxyde basique*, c'est-à-dire un oxyde capable de s'unir avec les acides pour donner de l'eau et un sel. Ainsi le cuivre forme l'oxyde cuivrique susceptible de se combiner aux acides.

$$CuO + 2HCl = H^2O + CuCl^2.$$
chlorure de
cuivre

Les *sels*, dissous dans l'eau ou fondus par la chaleur, se laissent décomposer par les courants électriques avec mise en liberté de métal aux points de sortie du courant, c'est-à-dire à la cathode. Tout corps ou radical ainsi çapable de jouer le rôle de cathion est considéré comme un métal ou tout au moins comme un corps analogue aux métaux. Ce caractère appartient aussi à l'hydrogène et au radical ammonium, NH^4.

Les métaux fondus sont généralement miscibles les uns avec les autres dans d'assez larges limites ; ils donnent par solidification de nouveaux métaux (au sens industriel du mot) d'aspect souvent homogène que l'on appellé des alliages et qui ont une grande importance pratique. Ces alliages sont quelquefois en effet des solutions solides (par exemple les alliages d'or et d'argent), mais ce sont le plus souvent des agrégats complexes de cristallites dans lesquels se rencontrent les métaux constituants purs, des composés définis et des solutions solides. A quelques exceptions près, telles que la formation des amalgames alcalins, les métaux s'unissent entre eux avec de faibles dégagements de chaleur ; et c'est là un contraste frappant avec les combinaisons très exothermiques présentées par les métaux avec certains métalloïdes tels que le chlore et l'oxygène.

91. Métalloïdes. — La meilleure définition que l'on puisse donner des métalloïdes consiste à dire qu'on appelle de ce nom tous les éléments chez lesquels on ne retrouve pas nettement les caractères des métaux. Tels sont le chlore, le soufre, le carbone.

En mettant de côté, parmi les métalloïdes, les gaz rares de l'atmosphère qui n'ont aucune activité chimique et le fluor peut-être trop voisin de l'oxygène pour se combiner avec lui, on trouve pour tous les autres métalloïdes un caractère commun très important : ils forment avec l'oxygène au moins un oxyde acide ou anhydride, c'est-à-dire un oxyde capable, comme l'anhydride sulfurique, SO^3, de se combiner avec l'eau pour donner un acide, ou avec les bases pour former des sels. En outre les sels binaires résultant des combinaisons entre un métal et un métalloïde, tels que le chlorure d'étain, peuvent subir l'électrolyse, et le métalloïde se distingue du métal en ce qu'il se porte à l'*anode*.

92. Gaz inertes de l'air. — Les corps simples gazeux à la température ordinaire, comme l'azote, l'oxygène, le chlore sont des métalloïdes.

Il est donc naturel de considérer aussi comme des métalloïdes les gaz inertes de l'air, puisqu'ils n'ont à aucun degré le caractère métallique. En voici le tableau :

Noms	Hélium	Néon	Argon	Krypton	Xénon
Poids atomique	4	20	40	83	131
Point d'ébullition en degrés absolus (pression 76^{cm})	4		87	121	164
Proportion dans l'air en millionnièmes du vol. de l'air	5	13	9370	1	0,5

Ces corps forment un groupe aussi distinct des métalloïdes que des métaux. On n'a jamais réussi à les engager dans aucune combinaison chimique. Leurs *poids moléculaires* n'ont pu être déterminés que d'après leurs *densités gazeuses*. Ces gaz sont considérés comme monoatomiques, c'est-à-dire que leurs poids atomiques sont regardés comme égaux à leurs poids moléculaires respectifs. En effet pour ces gaz, comme pour les vapeurs monoatomiques de mercure et de zinc, le rapport entre les *chaleurs spécifiques* à pression constante et à volume constant est voisin de 1,66.

93. Hydrogène. — Par son état physique, par sa résistance à la liquéfaction, l'hydrogène rappelle les métalloïdes bien caractérisés comme l'azote. Mais tandis que les métalloïdes forment, pour la plupart, avec l'oxygène, des oxydes acides, l'hydrogène donne de l'eau qui est une substance neutre. Tandis encore que la plupart des métalloïdes manifestent une grande avidité pour les métaux, l'hydrogène ne donne guère de combinaisons stables qu'avec les métaux alcalins et alcalino-terreux.

Au contraire, il se rapproche des métaux par le dégagement considérable de chaleur qu'il produit en s'unissant à l'oxygène et au chlore. Dans les acides, il joue le rôle d'un métal, se dégageant dans les phénomènes d'électrolyse au point de sortie du courant (cathode) ; à ce point de vue les acides sont des sortes de sels de l'hydrogène. Enfin nous savons avec quelle facilité divers métaux, le zinc par exemple, déplacent l'hydrogène de certains acides. Ainsi la réaction bien connue du zinc sur l'acide sulfurique étendu

$$Zn + SO^4H^2 = H^2 + SO^4Zn$$

est tout à fait comparable à la décomposition d'un sel de cuivre par une lame de zinc ou de fer :

$$Zn + SO^4Cu = Cu + SO^4Zn.$$

Inversement, l'hydrogène sous pression· peut déplacer l'argent de l'azotate d'argent.

Au point de vue des propriétés chimiques, l'hydrogène semble donc voisin des métaux. Mais il ne possède, à aucune température, des propriétés physiques comparables à celles des métaux usuels. Il se solidifie à — 259°, c'est-à-dire à 14 degrés absolus, en une masse blanche n'ayant aucune conductibilité électrique. Les hydrures de potassium et de sodium sont eux-mêmes des corps isolants, ce qui les distingue des alliages.

En résumé, l'hydrogène est profondément distinct des métaux aussi bien que des métalloïdes. Il semble représenter un mode très particulier de condensation de la matière. C'est le plus léger de tous les gaz, celui dont les poids moléculaire et atomique sont les plus faibles.

Il se rencontre à l'état libre, avec une abondance exceptionnelle, dans l'atmosphère du soleil et dans un grand nombre d'étoiles, tandis qu'il ne figure dans l'atmosphère terrestre qu'à dose infinitésimale.

94. Classification des métalloïdes. — *Les métal-*

loïdes proprement dits ont été classés en familles par Dumas, d'après l'ensemble de leurs caractères chimiques. Il arrive ainsi que les corps de même valence se rangent presque tous dans un même groupe.

Ces familles naturelles offrent d'ailleurs entre elles un certain parallélisme en ce sens que, dans chacune d'elles, les éléments rangés par ordre de poids atomiques croissants se trouvent également dans l'ordre des fusibilités et des volatilités décroissantes. Les termes supérieurs se rapprochent plus ou moins des métaux par certains caractères physiques et souvent aussi par une affinité croissante pour l'oxygène, en tout cas par une affinité décroissante pour l'hydrogène.

Enfin dans chaque série, le premier terme : fluor, oxygène, azote, carbone, paraît doué de propriétés assez particulières, de telle sorte que c'est plutôt le second terme : chlore, soufre, phosphore, silicium, que l'on est conduit à prendre comme type de la famille.

95. Famille du chlore (Métalloïdes monovalents). — Au chlore, que nous connaissons déjà (voir cours de Seconde), se rattachent trois autres métalloïdes formant avec lui une véritable famille naturelle. Le tableau ci-dessous mentionne quelques-unes de leurs propriétés physiques.

	FLUOR gaz jaune pâle	CHLORE gaz jaune	BROME liquide rouge	IODE solide bleu
Poids atomique......	19	35,46	79,92	126,92
Densité de vapeur par rapport à l'hydro-gène............	18,31	— 35,8	79,7	125,6 vers 300°
Point de fusion......	— 2:3°	— 102°	— 7°,3	113°,5
Point d'ébullition sous pression normale..	— 187°	— 33°,6	+ 58°,7	+ 183°

96. Fluor. — Le *fluor* est très répandu à l'état de

-fluorures métalliques. Il ne peut être déplacé de ses combinaisons par aucun autre élément; ce qui rend sa préparation très difficile. Moissan a pu l'obtenir (1886) uniquement par électrolyse de l'acide fluorhydrique liquide rigoureusement sec et rendu conducteur par du fluorure de potassium.

Le fluor est un gaz très faiblement coloré en jaune et un peu plus difficile à liquéfier que l'oxygène. Il est remarquable par l'extraordinaire violence de ses affinités chimiques. Dans ce gaz s'allument spontanément l'hydrogène, le soufre, le phosphore, le carbone non cristallisé, le silicium, le potassium, le sodium, le calcium. Les combustibles usuels, bois, papier, les hydrocarbures et beaucoup d'autres corps s'enflamment de même dans le fluor; et il ne se fait pas un dépôt de charbon comme il arrive pour ces mêmes corps allumés dans le chlore. Avec le fluor, le charbon brûle aussi bien que l'hydrogène : il se fait du fluorure de carbone CF^4 et de l'acide fluorhydrique HF.

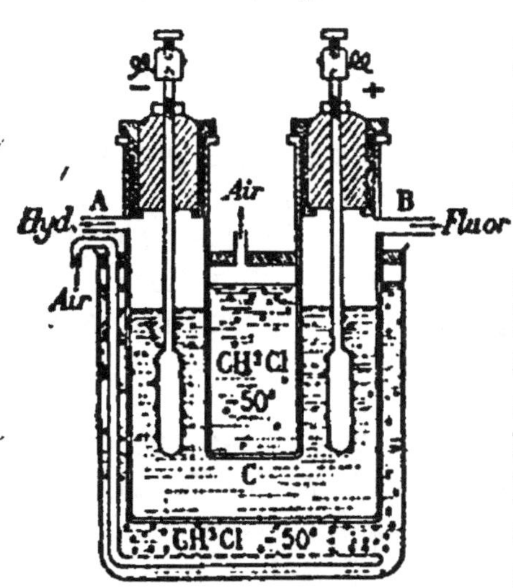

Fig. 22. — Appareil de Moissan pour la préparation du fluor. Le tube d'électrolyse AB ; est en platine ou en cuivre. Refroidi vers —50° il se recouvre de petits cristaux qui rendent sa surface isolante. Les électrodes sont en platine iridié.

La plupart de ces phénomènes se produisent même avec le fluor liquide, c'est-à-dire à une température si basse que l'activité chimique de la plupart des autres corps cesse de se manifester.

97. Brome. — Le *brome* existe aussi à l'état de bromures dans l'eau des mers. Balard l'a obtenu (1824) en faisant agir du chlore sur les bromures que renferment les eaux-mères des marais salants. Avec le bromure de sodium, par exemple, il se fait la réaction

$$Cl + NaBr = Br + NaCl,$$

facile à observer en versant de l'eau de chlore dans du bromure de sodium dissous. Le liquide devient rouge orangé à cause du brome mis en liberté. Si on veut rendre plus apparente la production du brome, on agite avec du sulfure de carbone qui dissout le brome et se colore d'une façon très visible.

Le brome pur est un liquide rouge trois fois plus dense que l'eau ; il répand à l'air des vapeurs irritantes et suffocantes. Son activité chimique est à peine inférieure à celle du chlore. Dans ce liquide un fragment de phosphore blanc détone violemment ; l'arsenic, l'antimoine, l'aluminium s'y allument.

98. Iode. — L'*iode* se trouve en très faible proportion dans l'eau des mers ; il se concentre dans les fucus et les varechs. On le retrouve à l'état d'iodure dans les cendres de ces végétaux où il a été découvert par le salpêtrier Courtois en 1811. On peut mettre en liberté l'iode d'un iodure dissous en y versant de l'eau de chlore ou de brome. Si l'on agite le produit de la réaction avec du sulfure de carbone, ce liquide dissout l'iode et se colore en violet Ce corps se retire aujourd'hui principalement des eaux-mères d'où l'on a fait cristalliser le nitrate de soude du Pérou et du Chili. Dans ces eaux-mères, l'iode existe à l'état d'iodate et aussi d'iodure.

C'est un corps solide qui se présente en cristaux d'un gris bleuté fondant à 113°5. L'iode liquide bout vers 183° ; mais bien avant de fondre, il émet des vapeurs violettes qu'on observe facilement en chauffant un fragment d'iode dans un ballon de verre.

Dans les réactions où se produit de l'iode, on reconnaît facilement les moindres traces de ce corps, soit par la coloration violette qu'il donne au sulfure de carbone, soit par la coloration bleue qu'il donne à l'empois d'amidon.

99. Gradation de propriétés. — Ainsi les quatre corps de la famille du chlore sont volatils et donnent des vapeurs plus ou moins colorées. Ils sont solubles dans l'eau, mais le fluor la décompose peu à peu en dégageant de l'oxygène O^2 partiellement transformé en ozone O^3.

Ils ont tous beaucoup d'affinité pour le phosphore, pour l'hydrogène et pour la plupart des métaux ; dans cette affinité il y a une gradation du fluor à l'iode. Ainsi par exemple, l'hydrogène se combine avec explosion au fluor même au voisinage du zéro absolu et dans l'obscurité, avec le chlore la réaction ne commence que sous l'action de la lumière, avec le brome et surtout avec l'iode, elle ne se fait que si l'on chauffe, et dans le cas de l'iode, elle demeure incomplète.

La gradation de propriétés est inverse vis-à-vis de l'oxygène. L'iode seul peut s'y combiner directement et encore faut-il chauffer le mélange d'oxygène et de vapeurs d'iode et le soumettre à l'action de l'effluve électrique. Les combinaisons oxygénées du brome et du chlore ne se produisent que de façon indirecte ; ainsi quand on fait passer un courant électrique dans une solution de chlorure de potassium il se fait, par décomposition de l'eau, de l'oxygène naissant qui transforme le chlore en un composé oxygéné le chlorate de potassium, ClO^3K, l'un des plus importants des composés oxygénés du chlore. On ne connaît aucune combinaison du fluor avec l'oxygène.

100. Hydracides de la famille du chlore. — Chacun des corps de la famille du chlore forme avec l'hydrogène un seul composé. Les quatre corps ainsi obtenus se ressemblent d'une manière surprenante ; ce sont :

l'acide fluorhydrique HF,
l'acide chlorhydrique HCl,
l'acide bromhydrique HBr,
l'acide iodhydrique HI.

Tous ces composés sont des gaz formés par la combinaison

à volumes égaux de l'hydrogène avec l'un des métalloïdes dont il s'agit. Ces gaz sont extrêmement solubles dans l'eau : ils répandent à l'air humide d'abondantes fumées, parce qu'ils forment un brouillard de gouttelettes liquides avec la vapeur d'eau de l'atmosphère ; leurs solutions se comportent comme des acides forts ayant chacun une seule fois la fonction acide.

Nous connaissons déjà l'acide chlorhydrique.

L'acide fluorhydrique attaque la silice et les silicates ; il sert pour la gravure sur verre (*fig.* 23).

Les acides bromhydrique et iodhydrique n'ont pas d'applications industrielles.

Tous ces acides forment avec les bases des sels nommés fluorures, chlorures, bromures, iodures ; en général les sels de ces acides avec un même métal sont *isomorphes*.

Ces mêmes sels se produisent par l'action, généralement

Fig. 23. — Gravure à l'acide fluorhydrique d'une lame de verre AB recouverte de vernis. Le verre a été mis à nu avec un poinçon le long des traits à graver, puis ceux-ci ont été exposés aux vapeurs d'acide fluorhydrique données par un mélange C de fluorure de calcium et d'acide sulfurique, fait dans un récipient en plomb.

très énergique, du métalloïde sur le métal. Ainsi le sodium peut brûler dans le chlore et donner le chlorure de sodium NaCl qui est le type des sels. Les métalloïdes de cette famille donnent avec les métaux des composés binaires ayant au plus haut point les caractères des sels, notamment l'aptitude (à l'état fondu ou dissous) à subir l'électrolyse ; c'est l raison pour laquelle ils ont été nommés métalloïdes halogènes (ἁλς sel, γεννάω j'engendre).

On voit donc que les quatre corps fluor, chlore, brome, iode forment bien une famille naturelle ; les analogies étant surtout frappantes pour les trois derniers. Le fluor s'écarte un peu des autres par sa plus grande volatilité et par la violence de ses réactions. Les fluorures ne sont pas toujours isomorphes avec les chlorures correspondants. Le fluorure de calcium est *insoluble* dans l'eau tandis que les sels de calcium des autres halogènes sont très solubles. Inversement les chlorure, bromure et iodure d'argent sont insolubles et le fluorure est très soluble.

Applications. — Nous savons déjà l'importance des applications du chlore et de ses composés, notamment celles des *chlorures décolorants* et des chlorates. Le fluor est trop difficile à préparer pour avoir dès maintenant une valeur industrielle ; mais l'acide fluorhydrique sert pour la gravure sur verre ; le fluorure naturel de calcium CaF^2 et la cryolithe $AlF^3,3NaF$ augmentent la fusibilité, la fluidité et la conductibilité électrique de diverses substances, notamment de l'alumine fondue. Divers bromures et iodures sont utilisés en thérapeutique ; ceux d'argent constituent les matières les plus sensibles à la lumière dont dispose l'art photographique.

101. Famille du soufre (Métalloïdes divalents). — Nous connaissons déjà deux métalloïdes divalents, l'oxygène et le soufre. Il en existe deux autres, le sélénium et le tellure dont les analogies avec le soufre sont très remarquables. Voici le tableau de ces corps avec mention de quelques constantes physiques importantes.

	Oxygène gaz incolore	Soufre solide jaune	Sélénium solide rouge brun	Tellure solide ayant l'aspect de l'étain
Poids atomique......	16	32,07	79,2	127,5
Densité de vapeur par rapport à l'hydrogène............	15,9	31,91 à 1500°	80,6	130,6
Densité (état solide)..	1,12	2,06	4,80	6,26
Point de fusion......	— 210°	115°	217°	452°
Point d'ébullition....	— 182°	+ 444°,5	+ 690°	vers 900°

L'analogie entre les corps de la famille du soufre se manifeste principalement par l'action sur l'hydrogène et les métaux. Avec l'hydrogène on a les réactions :

$H^2 + O = H^2O$ eau,
$H^2 + S = H^2S$ acide sulfhydrique ou hydrogène sulfuré,
$H^2 + Se = H^2Se$ acide sélénhydrique ou hydrogène sélénié,
$H^2 + Te = H^2Te$ acide tellurhydrique ou hydrogène telluré.

Certains métaux, tels que le fer, le zinc, le cuivre peuvent brûler dans la vapeur de soufre comme dans l'oxygène.

Les analogies sont surtout importantes entre le soufre, le sélénium et le tellure. Ces trois corps sont de volatilités comparables. Ils peuvent tous se combiner directement au chlore qui n'agit pas sur l'oxygène. Leurs combinaisons avec l'hydrogène, bien différentes de l'eau, se ressemblent d'une manière très frappante. Ce sont en effet trois gaz toxiques, doués d'une odeur repoussante, facilement dissociables, ayant le caractère d'acides faibles.

Les combinaisons des mêmes éléments avec les métaux sont pour la plupart des sels de ces mêmes acides. Ainsi les sulfures acide et neutre de sodium, $NaHS$ et Na^2S, sont les deux sels de sodium de l'acide sulfhydrique, H^2S.

L'oxygène s'éloigne du groupe par sa volatilité et par son affinité pour l'hydrogène. L'eau formée est un corps beaucoup plus stable que les combinaisons hydrogénées du soufre, du sélénium et du tellure. Ce dernier corps ressemble à l'étain, et l'anhydride tellureux, TeO^2, est un corps solide, insoluble dans l'eau, qui se combine aux alcalis, mais qui peut aussi se combiner aux acides forts, comme ferait un oxyde métallique.

102. Famille du phosphore (Métalloïdes tri et pentavalents). — Le phosphore est le type d'une famille comprenant avec ce corps *l'azote* d'une part et de l'autre deux corps intermédiaires entre les métalloïdes et les métaux : *l'arsenic* et *l'antimoine*. Tous ces éléments sont tantôt trivalents, tantôt pentavalents.

Le phosphore est trivalent dans l'hydrogène phosphoré PH^3 et dans le chlorure phosphoreux, PCl^3; il est pentavalent dans le chlorure phosphorique, PCl^5.

Nous connaissons déjà l'azote et le phosphore.

L'arsenic est un corps solide très répandu à l'état d'arséniures métalliques souvent mélangés à divers sulfures. C'est un solide gris foncé, très cassant parce qu'il est formé de petits cristaux. Il se combine aux métaux avec lesquels il donne à la fois des arséniures définis et des alliages complexes.

L'antimoine s'extrait principalement du sulfure d'antimoine naturel ou stibine, très facilement fusible. Il a tout à fait l'apparence d'un métal. Il est toujours cristallin et cassant, mais moins friable que l'arsenic. Comme lui, il donne de la dureté au plomb et aux autres métaux avec lesquels il forme des alliages. Les caractères d'imprimerie sont composés de plomb et d'antimoine.

Voici un tableau des propriétés physiques de ces métalloïdes :

	AZOTE gaz incolore	PHOSPHORE solide rouge ou blanc	ARSENIC solide friable couleur grise	ANTIMOINE solide métallique blanc bleuté
Poids atomique......	14,01	31	75	120,2
Densité de vapeur par rapport à l'hydrogène	14,01	62,2	149,7	140 vers 1600°
Densité à l'état solide.	0,453	1,84 pour le P blanc	5,64	6,7
Point de fusion......	— 201°	44°,3 pour le P blanc	se volatilise sans	630°
Point d'ébullition.....	— 196°	287°	fondre	rouge blanc

Le phosphore, l'arsenic, l'antimoine, de même que l'azote, forment avec l'hydrogène des composés gazeux contenant une fois et demie leur volume d'hydrogène :

NH^3 gaz ammoniac,
PH^3 — hydrogène phosphoré,
AsH^3 — hydrogène arsénié,
SbH^3 — hydrogène antimonié.

Ces hydrures sont, partiellement pour le premier, totalement pour les trois autres, décomposables par la chaleur et par les étincelles électriques. Le premier seul peut se former, par union directe des éléments.

Ils peuvent, comme le gaz ammoniac, échanger leur hydrogène contre des radicaux alcooliques, tels que le méthyle, CH^3, l'éthyle, C^2H^5, et donner des produits analogues aux amines.

Le phosphore, l'arsenic, l'antimoine peuvent brûler dans l'oxygène ; leurs composés oxygénés forment deux séries de sels, savoir :

1° phosphites, arsénites, antimonites ;
2° phosphates, arséniates, antimoniates.

Les phosphates et arséniates d'un même métal sont généralement isomorphes.

L'azote s'éloigne considérablement de ces métalloïdes par sa volatilité beaucoup plus grande ; il a plus d'affinité qu'eux pour l'hydrogène, car il se combine directement avec ce gaz sous l'action des étincelles électriques. Le composé obtenu, ou gaz ammoniac, est très soluble dans l'eau et fortement alcalin, tandis que les composés similaires du phosphore, de l'arsenic et de l'antimoine sont très peu solubles et bien moins stables. Seul l'hydrogène phosphoré, PH^3, peut se combiner avec les hydracides de la famille du chlore et les composés obtenus ressemblent à peine aux sels ammoniacaux.

Les composés oxygénés de l'azote, nombreux et peu stables, sont des oxydants bien plus voisins des composés oxygénés du chlore que de ceux du phosphore, de l'arsenic et de l'antimoine.

103. Le bore. — Dans l'acide borique et le borax existe un métalloïde trivalent comme ceux de la famille du phosphore ; c'est le bore, corps solide brun foncé, qu'on n'a jamais réussi à fondre ni à volatiliser. A chaud, il se combine directement à l'oxygène et au chlore ; il s'unit aussi facilement à l'azote.

Il se forme ainsi les composés : chlorure de bore, BCl^3, gazeux ; anhydride borique, B^2O^3, solide ; azoture de bore, BN, solide. Ce sont là des corps d'une grande stabilité. En particulier l'anhydride borique ne peut être réduit que par les corps les plus avides d'oxygène, comme le magnésium :

$$B^2O^3 + 3Mg = 3MgO + B^2.$$

Par contre, c'est à peine si l'on a pu entrevoir l'existence d'un composé du bore et de l'hydrogène, qui serait le gaz borure d'hydrogène, BH^3.

Par sa valence, le bore se rapproche de la famille du phosphore ; mais on ne connait pas de composé où il se comporte comme pentavalent. Par sa fixité et les propriétés de ses composés, il ressemble au silicium : l'anhydride borique ressemble à la silice. Le bore et le silicium s'unissent directement au chlore, qui n'agit pas sur le carbone.

104. Famille du carbone et du silicium (métalloïdes tétravalents). — On range dans une même famille le carbone et le silicium. Ces deux corps se comportent presque toujours comme des éléments tétravalents. Ils sont l'un et l'autre très difficiles à volatiliser. On n'a jamais réussi à fondre le carbone. Ces deux corps forment avec l'oxygène des composés très stables ayant le caractère d'anhydrides.

Aux composés hydrogénés du silicium :
SiH^4 silicométhane, Si^2H^6 silicoéthane, Si^2H^4 silicoéthylène, correspondent des composés du carbone contenant sous le même volume la même quantité d'hydrogène :

$$CH^4 \text{ méthane, } C^2H^6 \text{ éthane, } C^2H^4 \text{ éthylène.}$$

Le carbone et le silicium s'unissent au fer et à quelques

autres métaux ; les composés obtenus sont plus durs et moins altérables par la plupart des réactifs que les métaux purs.

Mais le carbone n'en est pas moins très différent du silicium. D'abord il ne se combine pas, comme le fait ce dernier corps, directement au chlore ; en outre l'anhydride carbonique, CO_2, est un gaz, tandis que la silice, SiO_2, est un corps solide d'une grande fixité. Le carbone forme avec l'hydrogène, l'oxygène et parfois l'azote une extraordinaire variété de combinaisons constituant les corps de la chimie organique, auxquels correspondent à peine quelques composés du silicium.

Ce dernier corps, à cause de l'abondance des combinaisons silicatées, constitue l'un des éléments les plus importants de la croûte terrestre.

Au silicium se rattachent plusieurs métaux tétravalents, notamment le titane, le zirconium et l'étain.

105. Principaux groupes de métaux (1). — Les essais de classification des métaux ne donnent pas d'aussi bons résultats que pour les métalloïdes. On trouve seulement quelques groupes présentant les caractères de véritables familles naturelles, notamment ceux des *métaux alcalins,* des métaux *alcalino-terreux* et, à un moindre degré, celui de la *série magnésienne.*

106. Métaux alcalins. — On appelle *métaux alcalins* ceux qui sont analogues au *sodium.* Le groupe comprend, avec ce dernier métal, le potassium qui n'en diffère que par une activité chimique un peu plus grande, et quelques autres métaux dont le plus important est le *lithium.* Divers sels de ce dernier corps sont utilisés en thérapeutique comme dissolvants des urates.

Ces métaux sont tous plus légers que l'eau, facilement fusibles. Ils ont des poids atomiques peu élevés, comme

---

(1) Les paragraphes 105 à 109 ne figurent pas au programme officiel.

l'indique le tableau ci-dessous, et ils sont monovalents.

	Lithium	Sodium	Potassium
Poids atomique .	7	23	39
Densité.	0,59	0,97	0,865
Point de fusion .	450°	95°,6	62°5

Ils décomposent l'eau à froid pour donner des bases fortes, très solubles dans l'eau, indécomposables par la chaleur, très difficiles à volatiliser ; ces bases se nomment des *alcalis fixes* :

LiOH lithine ; NaOH soude ; KOH potasse.

Leurs sels sont facilement fusibles. De tous les sels d'un même acide, ce sont les sels alcalins qui résistent le mieux à la décomposition par la chaleur. Mais, tandis que les sels de potassium et de sodium sont presque tous solubles dans l'eau, le carbonate et le phosphate de lithium y sont insolubles.

La solubilité des sels alcalins fait qu'ils se rencontrent dans les eaux, principalement dans la mer. Ils existent aussi dans la terre : le sodium, dans le sel gemme, le potassium dans la *carnallite* de Stassfurt et le lithium dans l'*amblygonite* de Montebras (Creuse).

107. Métaux alcalino-terreux. — On appelle métaux alcalino-terreux les métaux analogues au calcium. Ce sont le *calcium*, le *strontium*, le *baryum* ; on y rattache le *radium* type des métaux radio-actifs. Ces métaux sont plus lourds que l'eau et bivalents. Le nom du groupe en rappelle les propriété essentielles. Ils décomposent l'eau à froid comme les métaux *alcalins,* mais plus lentement ; de cette décomposition résultent des bases fortes, toutefois beaucoup moins solubles dans l'eau que les alcalis : les hydrates de calcium, $Ca(OH)^2$, de baryum, $Ba(OH)^2$, de strontium, $Sr(OH)^2$.

Le qualificatif *terreux* vient de ce que les oxydes de ces métaux, la chaux, CaO, la baryte, BaO, et la strontiane, SrO, ont l'aspect de terres. La plupart des sels de ces métaux, notamment les carbonates, silicates, phosphates, au moins en liqueur neutre, sont insolubles dans l'eau. Les carbonates, sauf celui de baryum, sont dissociables par la chaleur. Les sulfates alcalino-terreux et celui de plomb sont indécomposables au rouge vif ; ils sont insolubles ou peu solubles dans l'eau.

108. Série magnésienne. — Le magnésium se rapproche des métaux alcalino-terreux, car il décompose l'eau très facilement (à 100°), donne un oxyde très peu soluble dans l'eau mais qui bleuit le tournesol, un carbonate et un phosphate insolubles. Il en diffère par la grande solubilité de son sulfate ; on le prend comme type d'une série de métaux formant à la vérité un groupe beaucoup moins net que les précédents, mais que cependant on rapproche ordinairement pour en faciliter l'étude. Ce groupe comprend des métaux ordinairement bivalents, donnant des protoxydes presque insolubles, fortement basiques, des carbonates et phosphates insolubles ; leurs sulfates, solubles dans l'eau, peuvent donner des cristaux isomorphes à sept molécules d'eau tels que $SO^4Mg. 7H^2O$. Dans ces cristaux, une molécule d'eau peut être remplacée par une molécule de sulfate alcalin sans destruction de l'isomorphisme : ainsi $SO^4Mg. 7H^2O$ est isomorphe avec $SO^4Fe. SO^4K^2.6H^2O$.

Ces métaux forment deux groupes :

1° le *magnésium*, le *zinc* et le *cadmium* donnant chacun un seul oxyde ;

2° le *cobalt*, le *nickel*, le *fer*, le *manganèse*, le *chrome* constituant le *groupe du fer*. Ces derniers métaux ne décomposent l'eau qu'au rouge sombre et donnent au moins deux ox d s tels que FeO et Fe^2O^3.

109. Groupes divers. — Les sesquioxydes de fer, chrome, manganèse et cobalt présentent en commun, avec celui d'*aluminium*, la propriété de donner des sels isomorphes, notamment les aluns dont le type est l'alun ordinaire

$$(SO^4)^3Al^2, SO^4K^2, 24H^2O.$$

Mais, par ses autres caractères, l'aluminium s'écarte notablement du groupe précédent.

Le *plomb* et l'*étain* sont extrêmement voisins par leurs propriétés physiques. Ils ont chacun deux oxydes : des peroxydes SnO^2 et PbO^2, qui donnent des sels avec les alcalis, et des protoxydes basiques SnO et PbO. Le protoxyde d'étain est une base très faible ; celui de plomb, une base forte : à l'état hydraté, il est capable de fixer le gaz carbonique comme les oxydes alcalino-terreux.

Le carbonate de plomb ou *cérusite*, CO^3Pb, est isomorphe avec le carbonate de calcium sous la forme appelée *aragonite*. Le sulfate de plomb est comparable au sulfate de baryum par son insolubilité et sa résistance à la chaleur.

Le *cuivre* est analogue au *mercure* par ses oxydes et ses chlorures.

L'*argent* ressemble à l'*or* et au *platine* par sa résistance à l'oxydation ; il ressemble aux métaux alcalins parce qu'il est monovalent, que son oxyde est fortement basique, un peu soluble dans l'eau, que son nitrate se décompose par la chaleur, comme le nitrate de potassium, en nitrite et oxygène.

On appelle *métaux précieux*, l'argent, l'or, le *platine* qui ne s'oxydent à aucune température. On y joint quelques autres métaux qui accompagnent constamment le *platine* dans ses minerais, comme l'*iridium*, le *ruthénium*, le *rhodium* qui présentent les uns avec les autres quelques analogies intéressantes, mais qui sont loin de former une famille naturelle.

CHAPITRE XII

NOTIONS D'ANALYSE CHIMIQUE

———

110. Généralités. — Nous avons appris à distinguer les mélanges et les corps purs.

Aux mélanges, nous avons appliqué les procédés de l'analyse immédiate, pour en extraire les corps purs.

Ceux-ci, éléments ou composés, sont caractérisés par l'ensemble de leurs propriétés. On ne peut rien dire de général sur ce point.

Mais on peut se proposer de rechercher, de démontrer la présence d'un certain élément, dans un mélange, une solution ou un composé ; parfois même on peut caractériser l'existence d'un composé dans une solution : c'est l'objet de l'analyse chimique.

L'analyse qualitative a pour objet de constater la présence dans une matière de tel ou tel élément. Il est rare qu'on puisse isoler l'élément lui-même, mais on peut le mettre sous la forme d'un composé facile à reconnaître. Ainsi de ce fait que toute matière organique brûlée avec de l'oxyde de cuivre donne de l'eau et du gaz carbonique, on conclut qu'elle renferme du carbone et de l'hydrogène.

L'analyse quantitative pose une question de plus ; elle recherche la proportion pondérale de tel élément contenu dans un mélange ou une combinaison. Ainsi un gramme d'une certaine substance nous donnant par combustion un certain poids de gaz carbonique, nous en déduirons la proportion de carbone contenue dans la substance.

Nous exposerons plus loin les méthodes de l'analyse organique ; elles se ramènent toujours finalement à une analyse minérale.

L'analyse minérale qualitative ou quantitative peut varier beaucoup dans ses méthodes d'attaque des matières à essayer, mais finalement, toujours ou presque toujours, elle conduit à ramener tous les éléments à l'état de sels dissous dans l'eau, dont on étudie les caractères ; c'est là ce qu'on appelle l'analyse par *voie humide*. C'est celle qui donne les résultats les plus complets.

Pour doser un élément, on cherche soit à l'isoler, soit à le mettre sous forme d'un composé pur de composition connue. On pèse ensuite l'élément ou le composé.

Nous allons appliquer ces notions générales à quelques exemples d'*analyse quantitative*.

111. Dosage électrolytique du cuivre. — Si l'élé-

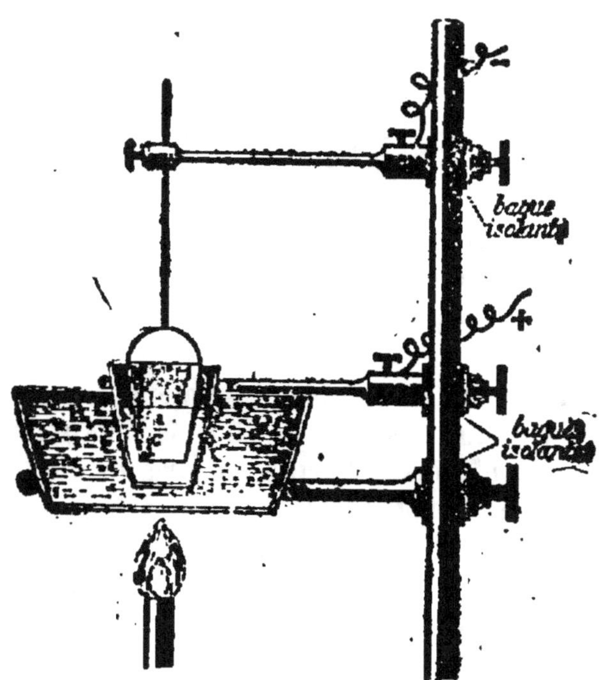

Fig. 24.

ment est un métal lourd, le plus simple est souvent de l'isoler par électrolyse. Veut-on par exemple doser le cuivre amené à l'état de sel de cuivre dissous, on fait passer un courant électrique dans la liqueur et on recueille le cuivre sur une cathode de platine que l'on pèse avant et après l'expérience. L'augmentation de poids donne le poids du cuivre.

La pratique indique les conditions de température, de concentration, d'acidité de la liqueur, de densité du courant, les plus favorables à la réussite de cette opération (*fig.* 24).

Un appareil très commode se compose d'un support à trois branches isolées.

L'une des branches porte la cathode, qui est une capsule de platine contenant une solution de sulfate de cuivre maintenue vers 60° par un bain-marie.

Une autre branche porte l'anode formée d'une plaque de platine.

112. Dosages à l'état de composés insolubles. — La méthode la plus générale d'analyse est celle qui, fondée sur la loi de Berthollet, consiste à mettre l'élément sous la forme d'un sel insoluble. Nous en donnerons deux exemples particulièrement importants.

Dosage du soufre. — Dans le cas des sulfures insolubles il convient de traiter par l'eau de brome un poids déterminé du corps à analyser ; la totalité du soufre passe à l'état d'acide sulfurique ou de sulfate, ou, plus exactement, d'ion SO^4.

Dès lors le dosage du soufre se ramène à un dosage d'acide sulfurique. Nous opérerons de la façon suivante.

La liqueur renfermant l'acide sulfurique ou les sulfates et suffisamment étendue, est rendue acide par quelques gouttes d'acide azotique (on pourrait redouter des précipitations simultanées de carbonates, de phosphates, etc.) puis portée à l'ébullition, et additionnée d'un *léger excès* d'une solution chaude d'azotate de baryum.

Il se forme un précipité de sulfate de baryum ; on fait bouillir quelques minutes encore, on laisse déposer et on s'assure qu'une nouvelle goutte de *réactif* ne donne plus aucun trouble. On attend alors que la liqueur maintenue au voisinage de l'ébullition se soit bien éclaircie.

D'autre part on a disposé sur un entonnoir un filtre en papier spécial, cellulose chimiquement pure, brûlant sans sans laisser de cendres (*fig.* 25).

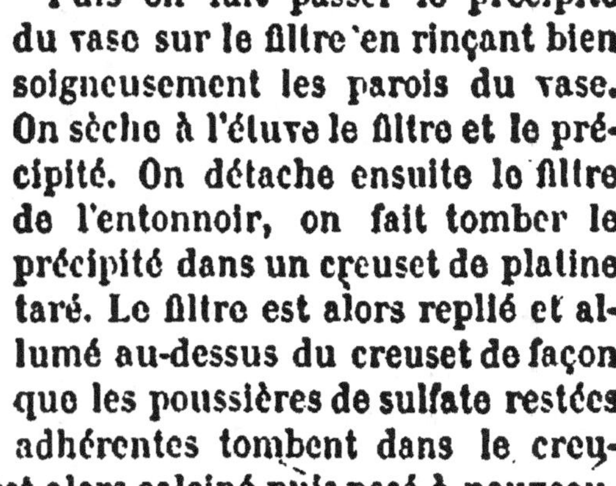

On décante doucement sur le filtre la liqueur claire, on lave le précipité resté dans le vase plusieurs fois à l'eau bouillante en décantant chaque fois les eaux de lavage sur le filtre.

Puis on fait passer le précipité du vase sur le filtre en rinçant bien soigneusement les parois du vase. On sèche à l'étuve le filtre et le précipité. On détache ensuite le filtre de l'entonnoir, on fait tomber le précipité dans un creuset de platine taré. Le filtre est alors replié et allumé au-dessus du creuset de façon que les poussières de sulfate restées adhérentes tombent dans le creu-

Fig. 25.

set (*fig.* 26). Ce dernier est alors calciné puis pesé à nouveau. L'augmentation de poids donne le poids de sulfate de baryum d'où l'on déduit le poids du soufre.

32 de soufre donnent $32 + 64 + 137 = 233$ de sulfate de baryum. Donc, si p est le poids de sulfate, le poids correspondant de soufre est $\dfrac{p \times 32}{233}$.

Fig. 26.

On doserait de même le baryum dans une liqueur en ajoutant un léger excès d'acide sulfurique et pesant le sulfate de baryum ainsi obtenu. Toutefois ceci suppose que la liqueur ne contienne pas de plomb car le sulfate de plomb est également insoluble. On voit donc que l'emploi des méthodes de l'analyse quantitative exige pour chaque cas particulier une discussion spéciale que nous n'avons pas à aborder ici.

Dosage de l'argent à l'état de chlorure. — L'argent que l'on veut doser est dissous à l'état de sel, le plus souvent d'azotate, et la solution obtenue, étendue et bouillante, est additionnée de quelques gouttes d'acide azotique. On y verse alors un très léger excès d'acide chlorhydrique ou d'un chlorure alcalin.

Le chlorure d'argent se précipite aussitôt sous forme d'une masse blanche caillebottée absolument insoluble dans l'eau pure, mais qui serait légèrement soluble dans un excès notable de chlorure alcalin.

On agite vigoureusement, puis on attend que le précipité soit bien rassemblé et la liqueur surnageante parfaitement claire.

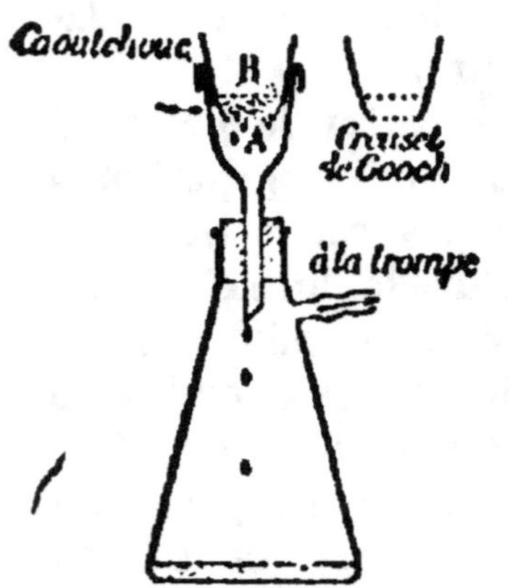

Fig. 27. — Essorage d'un précité dans un creuset de Gooch.

D'autre part, on a préparé un creuset de Gooch, en porcelaine, dont le fond est perforé, on l'a garni d'une couche d'amiante, légèrement tassée, et on a taré l'ensemble après dessication à l'étuve à 110°.

Maintenant on fait passer le chlorure d'argent dans le creuset, on le lave plusieurs fois avec de l'eau distillée chaude additionnée d'un peu d'acide azotique et en aspirant à la partie inférieure pour essorer le chlorure d'argent.

On porte de nouveau le tout à l'étuve à 110°, on laisse ensuite refroidir et on tare. L'augmentation de poids représente le poids du chlorure d'argent précipité.

113. Analyses volumétriques. — Une analyse quantitative par pesée (une analyse gravimétrique) est une opération longue et délicate ; quelques indications sommaires ne peuvent donner une idée juste de la minutie nécessaire en ces sortes de mesures.

Dans la pratique des laboratoires et surtout des laboratoires industriels on cherche à remplacer les pesées par de simples lectures de volume portant soit sur des gaz, soit sur des solutions diluées.

114. Méthodes gazométriques. — Dumas, nous le verrons bientôt, dosait l'azote des matières organiques en brûlant celles-ci par l'oxyde de cuivre et recueillant l'azote dans une éprouvette graduée contenant de la potasse pour absorber le gaz carbonique. On lit le volume occupé par l'azote dans des conditions déterminées de température et de pression et on en déduit le poids.

De même, on dose l'urée dans l'urine en traitant 10^{cm^3} d'urine par du brome et de la potasse. L'urée est brûlée, l'azote se dégage. Comme 60^s d'urée pure donnent dans ces conditions $22^l,3$ d'azote mesuré dans les conditions normales, une simple lecture du volume d'azote donne la richesse de l'urine en urée.

L'analyse des gaz n'a pas seulement un intérêt pratique. Les méthodes eudiométriques ont conduit Gay-Lussac et de Humboldt à la découverte des lois simples qui ont inspiré l'hypothèse d'Avogadro et la théorie atomique moderne.

115. Analyse par liqueurs titrées. — On utilise encore commodément des réactifs à l'état dissous avec des concentrations connues et comparables entre elles.

On appelle liqueurs titrées des liqueurs qui contiennent sous un volume connu une masse connue de réactif.

Liqueurs normales. — On appelle *liqueur normale* une liqueur renfermant par litre une *valence-gramme* de réactif ; liqueur décinormale ou liqueur décime, une liqueur dix fois plus étendue. Ainsi l'acide chlorhydrique, HCl, étant acide simple et ayant comme poids moléculaire 36,5, on appelle liqueur normale d'acide chlorhydrique une solution aqueuse de ce corps renfermant $36^{gr}5$ de gaz HCl par litre.

L'acide sulfurique, SO^4H^2 a un poids moléculaire égal à 98 ; mais comme c'est un acide double, on appelle liqueur normale d'acide sulfurique une solution de cet acide contenant $\dfrac{98^{gr}}{2}$, soit 49^{gr} par litre.

Les liqueurs normales d'acide et d'alcali se neutralisent volume à volume.

Pour préparer une liqueur normale d'acide sulfurique, la méthode la plus simple consiste à partir de l'acide pur du commerce. On en prend le degré Baumé, soit par exemple $65°,8$.

Les tables des traités de chimie nous indiquent la richesse de cet acide en acide sulfurique SO^4H^2, soit 94,6 %. On en conclut que pour avoir 49^{gr} d'acide théoriquement pur il faut prendre

$$\frac{100 \times 49}{94,60} = 51^{gr},79$$

d'acide commercial. En fait, on prendra 52^{gr}.

On a d'autre part une fiole jaugée d'un litre ; on y verse de l'eau, puis l'acide par petites portions et en remuant, puis encore de l'eau. Au bout de quelques heures, quand le mélange est refroidi, on ajoute encore un peu d'eau pour faire exactement un litre et on verse le tout dans un flacon bien bouché.

Pour vérifier la liqueur, on en prend exactement 5^{cm3} au moyen d'une pipette jaugée, on les verse dans de l'eau et on dose exactement l'acide à l'état de sulfate de baryum. Comme le titre de la liqueur n'est pas exact, on *corrige* celle-ci en y ajoutant de l'eau jusqu'à obtenir le titre voulu.

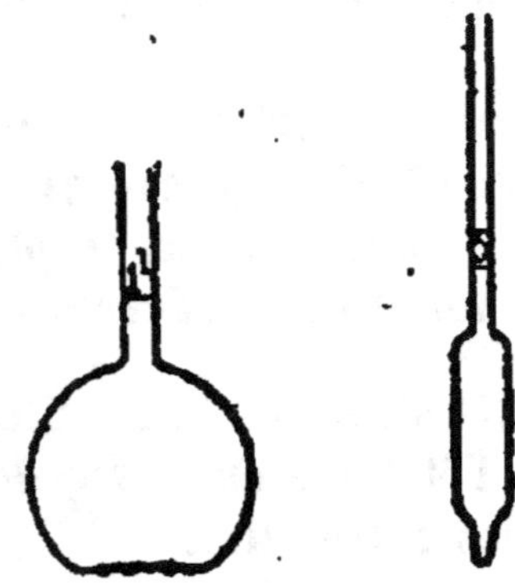

Fig. 28.
Fiole jaugée.

Fig. 29.
Pipette jaugée.

116. Alcalimétrie. — Ayant une liqueur titrée d'acide sulfurique, nous voulons connaître la richesse d'une solution de potasse caustique.

Nous prenons au moyen d'une pipette un volume connu de cette liqueur, par exemple 10 ou 20^{cm3}, nous les plaçons dans un vase de verre avec quelques gouttes de tournesol ou mieux d'hélianthine.

Nous versons alors de l'acide sulfurique dans une burette. Une burette est un tube de verre assez large, maintenu vertical et divisé en centimètres cubes et dixièmes de centimètres cubes à partir d'un trait 0 placé à la partie supérieure. A la partie inférieure se trouve un robinet ou une pince permettant de faire couler le liquide goutte à goutte.

On remplit donc la burette avec la liqueur d'acide sulfurique jusqu'au zéro exactement, puis on fait couler l'acide goutte à goutte dans la liqueur alcaline jusqu'à ce que le tournesol ou l'orangé virent au rouge.

Fig. 30.
Burette.

Dans 20^{cm3} de la solution alcaline on a versé 36^{cm3} de liqueur acide. Un litre de cette liqueur contient 49^g d'acide et neutralise 56^g de KOH, donc 1^{cm3} neutralise 56^{mg} et 36^{cm3} neutralisent 56×36 milligrammes contenus dans 20^{cm3}; donc dans un litre il y

$$\frac{56 \times 36}{20}$$ ou 100^g,8 de potasse caustique.

Une liqueur alcaline peut être carbonatée en tout ou en partie et il peut être utile d'évaluer séparément l'alcali libre KOH et l'alcali carbonaté CO^{3}K^2.

L'orangé ne vire pas au rouge par l'acide carbonique, acide faible, mais il vire au rouge lorsque toute la potasse est neutralisée et que la liqueur renferme un léger excès d'acide sulfurique libre. Donc un virage à l'orangé indique la teneur en alcali total.

Mais on peut prendre 20^{cm3} de la solution alcaline, y ajou-

ter un léger excès de chlorure de calcium et faire bouillir ;
on a la réaction

$$CaCl^2 + CO^3K^2 = CO^3Ca + 2KCl.$$

Le carbonate se trouve ainsi précipité ; il ne reste dans la
liqueur que de la potasse caustique.

Supposons qu'il faille maintenant ajouter 28^{cm^3} d'acide
sulfurique pour produire la neutralisation.

Dans 20^{cm^3} de la solution, il y a 28 molécules-milligrammes de KOH caustique, soit 28×56 milligrammes.

Dans un litre il y a $\dfrac{28}{20}$ molécules-grammes, soit $\dfrac{28}{20} \times 56$
grammes.

D'autre part, dans 20^{cm^3}, il y a 36 molécules-milligrammes
de potasse totale, dans un litre il y a $\dfrac{36}{20} = 1,8$ molécules-
grammes de potasse totale.

Ainsi un litre renferme $1^{mol},8$ de potasse totale, savoir
$1^{mol},4$ de KOH caustique ou $78^g,4$ et $0^{mol},4$ de potasse carbonatée ou $0^{mol},2$ de CO^3K^2 soit $27^g,6$.

Dans la pratique industrielle, les méthodes alcalimétriques
s'appliquent à des sels ou à des lessives bien trop concen-
trées pour que l'on puisse les comparer directement aux
liqueurs acides. On prend alors un poids connu du produit,
on le dissout dans l'eau pour faire un litre et on opère ensuite sur une partie déterminée, comme il a été dit précédemment.

117. Acidimétrie. — De même que nous avons préparé
une liqueur normale d'acide sulfurique, nous pourrons préparer par comparaison une liqueur normale de potasse
caustique. Il suffira de dissoudre dans un litre d'eau un
poids connu de potasse pure, par exemple 56^g. En fait, on
prendra environ 80^g de potasse du commerce, car celle-ci
retient près de 30 % d'eau. La liqueur étant faite, on la
comparera à la liqueur acide précédente et on ajoutera soit
de l'eau, soit de la potasse, jusqu'à ce que les deux liqueurs

se correspondent exactement, c'est-à-dire que 20^{cm3} de l'une neutralisent rigoureusement 20^{cm3} de l'autre.

On a ainsi une liqueur titrée normale de potasse. On la conserve dans un flacon bien bouché pour qu'elle ne se carbonate pas à l'air (on sait que l'air renferme du gaz carbonique).

On peut maintenant se proposer d'évaluer la richesse d'une solution en acide libre, par exemple d'évaluer le titre d'un acide chlorhydrique du commerce.

Nous voulons savoir combien il y a d'acide chlorhydrique dans 100^g d'un acide commercial. Nous pesons exactement 100^g de cet acide et nous les versons dans l'eau pour faire un litre exactement ; nous laissons reposer. Puis nous prenons, au moyen d'une pipette, 20^{cm3} de la liqueur, nous la colorons en rouge par du tournesol et nous y versons peu à peu, au moyen d'une burette, la liqueur normale de KOH, par exemple 18^{cm3}.

Dans 20^{cm3} de liqueur acide il y a 18 molécules-milligrammes d'acide, dans un litre il y a donc 0,9 molécule-gramme ou $36,5 \times 0,9 = 32^g,9$.

Donc dans 100^g du produit commercial il y a 32^g,9 d'acide.

On voit maintenant quelle est l'importance industrielle de l'analyse volumétrique ; dans un laboratoire d'usine, où l'on doit répéter sans cesse les mêmes essais, on peut dans une même journée faire des centaines de dosages, dont un seul nécessiterait plusieurs heures s'il était effectué par les méthodes gravimétriques.

118. Essai d'un alliage d'argent. — Dans l'essai des alliages monétaires d'argent, le problème usuel consiste à reconnaître si un alliage possède un titre donné, soit 0,900. A cet effet, on en pèse la quantité qui à ce titre contiendrait 1^g d'argent pur, cela fait $\dfrac{1}{0,9} = 1^g,1148$ d'alliage et on dissout dans NO^{3}H en évitant toute perte.

D'autre part, on a préparé deux liqueurs de NaCl pur

l'une, dite liqueur normale, contenant 54^g,17 de NaCl par litre ;

l'autre, dite liqueur normale décime, contenant 5^g,417 de NaCl par litre ;

100^{cm3} de la première précipitent exactement 1^g d'argent,
1^{cm3} — deuxième précipite — 1^{mg} —

Dans la dissolution de l'alliage , on verse d'un seul coup 100^{cm3} de liqueur normale salée. Après dépôt du précipité d'AgCl on y fait tomber 1^{cm3} de liqueur décime. S'il se produit un trouble, aussitôt qu'il s'est déposé on ajoute 1^{cm3} de plus. Si ce dernier ne produit rien, on en conclut que la quantité de liqueur décime nécessaire à parfaire la saturation est comprise entre 0 et 1^{cm3}. On admet 0^{cm},5, correspondant à 0^{mg},5 d'argent, c'est-à-dire que l'alliage contenait 1^g,0005 d'argent pur; son titre était 0.900 $\times$ 1,0005 = 0,90045. Dans le cas où le titre eût été inférieur à 0,900 on l'eût déterminé avec une liqueur décime de nitrate d'argent contenant 1^g d'argent **par** litre.

119. Analyses volumétriques par oxydation et réduction. — Dosage du fer par le permanganate ([1]). — Le pouvoir réducteur d'une substance dissoute peut, dans un grand nombre de cas, se mesurer avec une extrême facilité en utilisant le pouvoir oxydant du *permanganate de potasse*. Ce sel, dont les solutions ont une couleur violette extrêmement intense, se décolore en présence d'un réducteur. La solution devient même tout à fait incolore pourvu qu'on opère dans une liqueur acidulée par l'acide sulfurique.

Le permanganate se transforme alors en un sel de manganèse (sel de MnO), un sel de potassium (sel de K^{2}O) et abandonne de l'oxygène suivant la formule schématique

$$2MnO^4K = 2MnO + K^2O + 5O.$$

Soit d'autre part une solution réductrice contenant par

([1]) Les notions contenues dans ce paragraphe, ne figurent pas expressément au programme.

exemple un sel ferreux. Ce composé peut être regardé comme un sel du protoxyde FeO transformable par oxydation en sesquioxyde Fe^2O^3 suivant la formule schématique

$$2FeO + O = Fe^2O^3.$$

Donc $2MnO^4K$ correspondent à $10FeO$. Or $2MnO^4K = 316^g$. On fait usage habituellement de solutions de permanganate contenant le $\dfrac{1}{20}$ de cette quantité, soit $15^g,8$ par litre. Un litre d'une telle solution oxyde $\dfrac{10\ FeO}{20}$, soit $\dfrac{FeO}{2}$ contenant $\dfrac{Fe}{2} = 28^g$ de fer. Un centimètre cube correspond à 28^{mg} de fer.

Soit dès lors à trouver la richesse en fer d'une solution de sulfate ferreux. On en prend 10^{cm3}, on les verse dans 200^{cm3} environ d'eau acidulée par l'acide sulfurique, puis on ajoute peu à peu du permanganate avec une burette graduée jusqu'à ce qu'on obtienne une légère coloration rose violacé persistante ; soit 5 centimètres cubes. Chaque centimètre cube de permanganate correspondant à 28^{mg} de fer, les 5^{cm3} versés correspondent à $28 \times 5 = 140$ milligrammes de fer. Cette quantité est celle que renferment les 10^{cm3} de la prise d'essai. Par litre cela fait 100 fois plus ou 14 grammes.

En fait, les solutions de permanganate se conservant difficilement, on en fait le titrage au moment de s'en servir, avec une solution de sulfate ferreux ou mieux de sulfate double de fer et d'ammonium de titre connu.

Une solution titrée de permanganate permet de même le dosage de toute une série de substances réductrices telles que l'acide sulfhydrique, l'acide sulfureux, l'acide arsénieux, l'acide azoteux, les sels stanneux, l'acide oxalique.

120. Titrages par l'iode. — L'iode en présence de l'eau et d'un réducteur se comporte comme un oxydant indirect, bien qu'il ne puisse décomposer l'eau pure. D'autre part de très petites quantités d'iode libre peuvent être reconnues par la coloration *jaunâtre* qu'elles communiquent à une solution d'iodure, mieux encore par la coloration *bleue* qu'elles donnent à l'empois *d'amidon*. De nombreux titrages utilisent ces propriétés. Pour y procéder on commence par dissoudre $12^s,7$ d'iode, c'est-à-dire le dixième du poids atomique exprimé en grammes, dans une solution très concentrée d'iodure alcalin servant de dissolvant, et on étend à un litre exactement. La liqueur titrée ainsi obtenue s'appelle de l'*iode décinormal*.

Sulfhydrométrie. — Pour titrer une dissolution d'acide sulfhydrique, on en prend 10^{cm3} auquels on ajoute très peu d'empois d'amidon ; puis on y fait tomber goutte à goutte de l'iode décinormal au moyen d'une burette graduée ; on s'arrête quand le liquide continuellement agité se colore en bleu. Supposons que l'on ait alors versé 6^{cm3}. On sait que la réaction de l'iode sur l'acide sulfhydrique est :

$$H^2S + 2I = 2HI + S$$

ce qui signifie que la quantité d'iode représentée par $2I$ correspond à celle d'acide sulfhydrique représentée par H^2S et qui occuperait, à l'état gazeux, un volume de 22.400^{cm3} si elle était mesurée à $0°$ et 76^{cm}.

Donc I correspond à 11.200^{cm3} d'acide sulfhydrique gazeux dans ces mêmes conditions.

D'autre part un litre d'iode décinormal contient $\dfrac{I}{10}$ d'iode.

6^{cm3} contiennent $\dfrac{6}{1000} \times \dfrac{I}{10}$ correspondant à $\dfrac{6}{10000} \times 11200 =$

$6,72^{cm3}$ d'acide sulfhydrique. Telle est la quantité d'acide contenu dans les 10^{cm3} essayés. Cela fait par litre 100 fois plus ou 672^{cm3}.

Titrage des hyposulfites. — Les hyposulfites sont oxydés par l'iode dissous et transformés en tétrathionates. Ainsi avec l'hyposulfite de soude, on a la réaction

$$2S^2O^3Na^2 + 2I = 2NaI + S^4O^6Na^2.$$

Cette réaction, qui se fait sur-le-champ à froid, peut servir à titrer une solution d'hyposulfite par l'iode ou une solution d'iode par une solution d'hyposulfite de titre connu. Or cette dernière est facile à préparer en partant de l'hyposulfite cristallisé dont la composition correspond exactement à la formule $S^2O^3Na^2$, $5H^2O$.

121. Chlorométrie. — On ramène aisément le dosage du chlore actif et décolorant à celui de l'iode en mettant à profit la propriété que possède le chlore de déplacer l'iode des iodures.

Soit par exemple à trouver combien de litres de chlore mesurés à 0° et 76ᶜᵐ peut dégager 1 kilogramme de chlorure de chaux commercial, ce qui constitue le problème usuel de la chlorométrie.

On pèse 10ᵍ de ce chlorure et les délaie avec un pilon dans une très petite quantité d'eau, puis dans une quantité plus grande et on étend finalement à un litre. Ensuite on prélève dans un gobelet 10ᶜᵐ³ de liquide limpide et on y ajoute un excès d'iodure de potassium (4 ou 5ᶜᵐ³ de solution à 10 %), puis de l'acide chlorhydrique jusqu'à ce qu'une goutte du liquide colore en rouge le papier de tournesol.

L'acide chlorhydrique fait dégager le chlore du chlorure, et ce chlore déplace aussitôt une quantité d'iode équivalente. Il ne reste plus qu'à titrer l'iode ainsi mis en liberté. On peut utiliser à cet effet une solution d'hyposulfite ajustée de façon qu'elle soit capable de décolorer exactement son volume d'iode décinormal. On en verse dans la liqueur ci-dessus jusqu'à disparition de la couleur brun jaunâtre de l'iode. On peut ajouter à la fin un peu d'empois d'amidon pour mieux voir la fin de la réaction. Supposons que l'on ait versé nᶜᵐ³. On observe, d'autre part, que les 10ᶜᵐ³ de la solution de chlorure de chaux constituent la centième partie seulement de la liqueur faite avec 10ᵍ de ce chlorure. Ces 10ᶜᵐ³ correspondent donc à un décigramme de chlorure de chaux.

Cela posé, un litre d'hyposulfite correspond à un litre

d'iode décinormal, c'est-à-dire à la quantité d'iode représentée par $\dfrac{1}{10}$ équivalente à $\dfrac{Cl}{10}$. On en conclut tout de suite que n^{cm^3}, c'est-à-dire $\dfrac{n}{1000}$ d'un litre correspondent à $\dfrac{n}{1000} \times \dfrac{Cl}{10}$ de chlore. Telle est donc la quantité de chlore contenue dans un décigramme de chlorure de chaux. Celle que renferme un kilogramme est 10.000 fois plus grande, soit $n.Cl$ (Cl représentant le poids atomique du chlore exprimé en grammes, soit $35^{gr},46$).

Il est facile de savoir à quel volume mesuré dans les conditions normales correspond cette quantité de chlore. La densité du gaz chlore est en effet 2,491, ce qui donne pour le poids du litre $1,293 \times 2,491 = 3^{gr}221$. Le poids atomique correspond donc à $35,46 : 3,221 = 11^l01$; et le résultat précédent $n.Cl$ signifie qu'un kilogramme de chlorure de chaux peut dégager $n \times 11,01$ litres de chlore, mesurés dans les conditions normales. Ce nombre de litres est ce qu'on appelle ordinairement le titre chlorométrique français.

LIVRE III

CHIMIE ORGANIQUE

CHAPITRE XIII

GÉNÉRALITÉS

---

122. Éléments constitutifs des matières organiques. — La chimie organique a pour objet l'étude des composés du *carbone*, abstraction faite toutefois de l'oxyde et du sulfure de carbone, du gaz carbonique et des carbonates que l'on considère comme dépendant de la chimie minérale.

Nous avons appris (cours de Première) à reconnaître les éléments fondamentaux d'une matière organique.

Dans les composés organiques, le carbone peut être uni soit à de l'*hydrogène* seulement (carbures d'hydrogène), soit à de l'hydrogène et à de l'*oxygène* (matières ternaires hydrocarbonées).

Les substances organiques *azotées* renferment toujours du carbone et de l'hydrogène unis ou non à de l'oxygène, cependant le cyanogène ne renferme que du carbone et de l'azote.

Les autres métalloïdes tels que le chlore, le soufre, le phosphore, entrent aussi dans la composition des matières organiques ; toutefois, les composés organiques chlorés sont des produits artificiels.

Les métaux interviennent surtout à l'état de sels des acides organiques ; mais on prépare aussi des composés organo-métalliques qui ne sont pas des sels.

123. Analyse quantitative.

— Toute matière hydro-carbonée, brûlée convenablement, avec de l'oxyde de cuivre par exemple, donne du gaz carbonique et de l'eau.

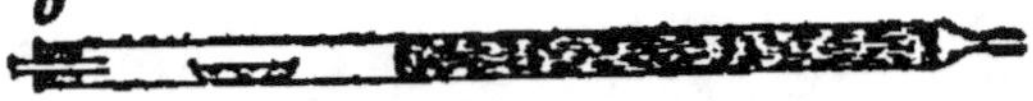

Fig. 31. — Tube à combustion.

C'est là le principe de la détermination quantitative des proportions de carbone et d'hydrogène contenus dans une matière organique (Lavoisier).

On prend à cet effet un long tube en verre peu fusible, dont l'une des extrémités a été étirée puis légèrement renflée en forme d'olive.

On met dans ce tube entre deux petits tampons d'amiante non tassé, et, sur une longueur de 0ᵐ,60 environ, une colonne d'oxyde de cuivre noir en paillettes, obtenu par un grillage prolongé de tournure de cuivre. Il est bon d'entourer le tube, dans la région qui contient l'oxyde de cuivre, d'une feuille de clinquant enroulée en hélice pour éviter qu'il se déforme sous l'action de la chaleur.

On dispose le tout dans la rigole en fer garnie d'amiante d'une grille à analyse, c'est-à-dire d'une longue rampe de brûleurs Bunsen. Chacun de ces brûleurs est muni d'un robinet qui permet de régler en chaque point la température.

Des briques réfractaires que l'on peut enlever ou incliner vers le tube permettent de forcer le chauffage.

On porte l'oxyde de cuivre au rouge sombre et, au moyen d'un bouchon *b* traversé par un tube de verre assez long, on fait arriver un courant d'air sec et bien exempt de gaz carbonique.

L'air passe à cet effet dans un barboteur à acide sulfurique et sur une longue colonne de potasse qui a été fondue et concassée.

On est sûr ainsi que l'oxyde de cuivre est bientôt débarrassé de toute matière organique et de toute humidité.

D'autre part on a placé dans une nacelle de platine un poids déterminé de la substance à analyser, deux décigrammes par exemple, et on a taré :

1° un tube en U, *t* contenant du chlorure de calcium granulé,

2° un tube absorbeur, *t'* contenant de la potasse caustique moyennement concentrée.

3° un tube témoin, en U, *t''* contenant de la chaux sodée granulée.

On réunit alors, par des bouts de caoutchouc serrés par des fils de cuivre, ces différents tubes entre eux et à un dernier tube à chaux sodée, non taré, non figuré sur le dessin et destiné à empêcher l'humidité de l'atmosphère de rétrograder dans l'appareil.

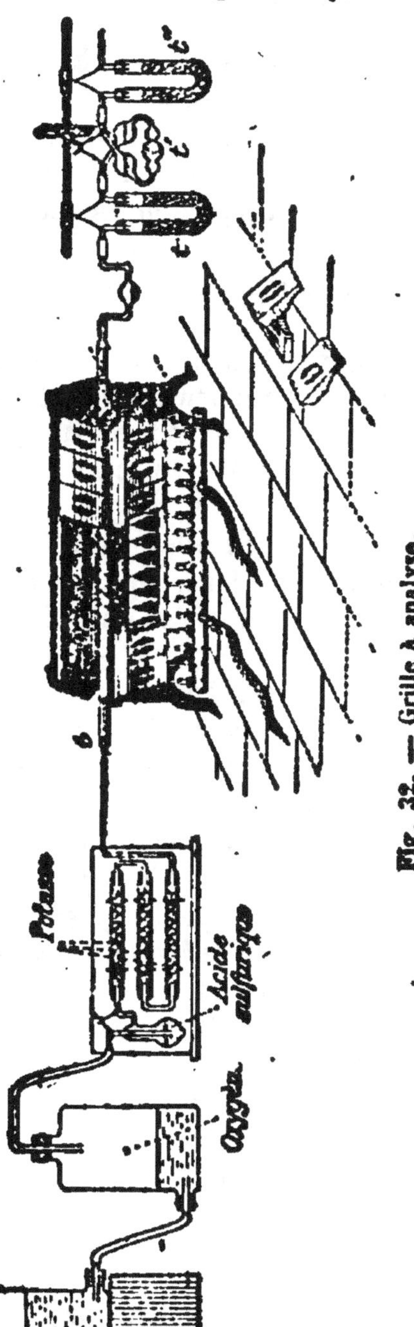

Fig. 32. — Grille à analyse.

Celui-ci étant ainsi disposé, on enlève le bouchon *b*, on pousse dans le tube, au moyen d'une baguette, la nacelle contenant la substance à analyser et on referme aussitôt.

En chauffant le tube avec précaution au voisinage de la nacelle, on peut alors vaporiser la substance ou la décomposer de telle sorte que le courant d'air entraîne lentement sur l'oxyde de cuivre incandescent les produits de la décomposition.

Il reste un résidu de charbon que l'on brûle en chauffant fortement la nacelle. On peut, par un simple jeu de robinets, substituer au courant d'air sec un courant d'oxygène sec ; puis quand la nacelle est bien nettoyée, on rétablit le courant d'air.

Pour certaines substances difficiles à brûler, on est même obligé d'ajouter dans la nacelle un oxydant, du chromate de plomb par exemple ; on en tient compte bien entendu dans les pesées de la nacelle.

La combustion terminée, on prolonge quelque temps encore le courant d'air sec pour bien purger l'appareil, puis on détache les tubes absorbeurs et on les pèse, après qu'ils sont revenus à la température ambiante.

L'hydrogène de la substance a donné de l'eau qui s'est rassemblée dans la boule du tube en U et sur le chlorure de calcium. Du poids de l'eau on déduit le poids d'hydrogène.

Les deux tubes à potasse et à chaux sodée ont augmenté de poids, le dernier de quelques milligrammes seulement ; ils ont fixé en effet du gaz carbonique ; du poids de ce dernier corps on déduit le poids de carbone.

Enfin par la pesée de la nacelle on s'assure que la substance a été entièrement brûlée.

Voici d'ailleurs un exemple numérique :

plateau de gauche	plateau de droite	
	1ᵉ pesée de la substance	
tare 10ᵉ	nacelle + substance	+ 3,225
	nacelle vide	+ 3,018
	poids de substance	0,207

2° Tube à eau

tare 50°	tube avant	17,315
	— après	17,195
	poids d'eau	0,121
	hydrogène	0,0135

3° Tube à potasse

tare 50°	tube avant	1,934
	— après	1,621
		0,313

4° Témoin

tare 50°	tube avant	21,251
	— après	21,247
		0,004

Poids de CO_2 $0,313 + 0,004 = 0,317.$

Poids de C $0,317 \times \dfrac{12}{44} = 0,0865.$

L'oxygène se dose par différence :

$$0,207 - 0,0135 - 0,0865 = 0,107.$$

124. Composition centésimale. — Pour avoir le pourcentage de chaque élément, il suffit de multiplier par 100 et de diviser par le poids de substance.

On aura donc

pourcentage de C $\dfrac{8650}{207} = 41,79\,°/_\circ$

—   H $\dfrac{1350}{207} = 6,52\,°/_\circ$

—   O   — $= \dfrac{51,69\,°/_\circ}{100,00}.$

125. Formule brute. — Pour établir la formule brute, il faudrait diviser les proportions trouvées pour chaque élément par les poids atomiques correspondants et chercher un diviseur commun aux nombres obtenus.

Si on avait trouvé par exemple les résultats suivants :

$$
\begin{array}{lll}
C & 40 & \% \\
H & 6,66 & \\
O & 53,33, &
\end{array}
$$

on diviserait les nombres obtenus respectivement par 12, par 1 et par 16

$$
\begin{array}{rcl}
40 \ \ : 12 &=& 3,33 \\
6,66 &=& 6,66 \\
53,33 : 16 &=& 3,33 \, ;
\end{array}
$$

on voit tout de suite que la formule brute est CH^2O.

Mais en général on n'obtient pas des nombres simples parce qu'il y a des erreurs d'expérience inévitables.

Toutefois si le composé est relativement simple, on cherchera d'abord à obtenir, par les méthodes physiques, une valeur approchée du poids moléculaire.

Supposons que, dans le cas actuel, on trouve 335(1). On raisonne alors ainsi : Dans 335ᵍ de substance on a

$$
\begin{array}{ll}
41,79 \times 3,35 = 140 \text{ de } C, & \text{soit entre } C^{11} \text{ et } C^{12} ; \\
6,52 \times 3,35 = \ \ 21,8, & \text{soit } H^{22} ; \\
51,69 \times 3,35 = 173, & \text{soit } O^{11} \text{ sensiblement.}
\end{array}
$$

La formule $C^{11}H^{22}O^{11}$ correspond à 40 % de carbone ; la formule $C^{12}H^{22}O^{11}$ à

$$
\begin{array}{lcc}
 & \text{calculé} & \text{trouvé} \\
C & 42,10 & 41,79 \\
H & 6,43 & 6,52
\end{array}
$$

---

(1) La valeur exacte est 340.

Les écarts sont tout à fait de l'ordre des erreurs d'expérience ; le contrôle est donc satisfaisant.

Mais lorsqu'il s'agit de matières très complexes, on comprend que l'analyse ne suffise plus, même avec la connaissance approchée du poids moléculaire, pour établir la formule ; il faut avoir recours à des considérations chimiques reposant sur la connaissance des modes de formation et de dédoublement de la substance.

126. Analyse des matières azotées. — Pour y doser le carbone et l'hydrogène, on opère comme précédemment, sauf que l'on dispose dans le tube à analyse, près de la pointe étirée, une colonne de tournure de cuivre pour réduire les composés nitreux.

On opérera de même avec les substances contenant du soufre ou du chlore, qui seront arrêtés par le cuivre.

Quant au *dosage de l'azote*, il peut se faire par des métho-

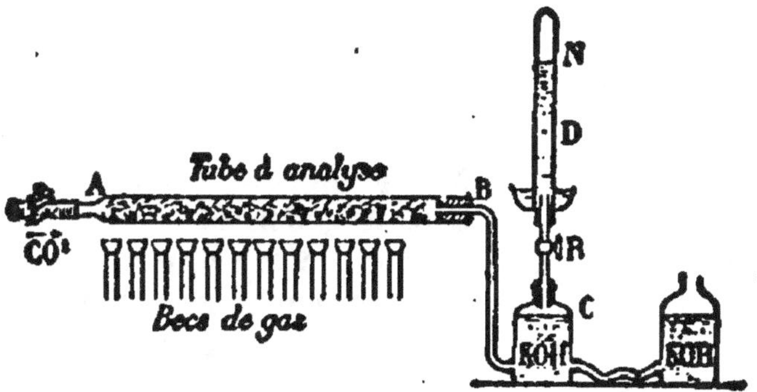

Fig. 33. — Appareil pour le dosage de l'azote en volume.

des variées. La plus générale consiste encore à brûler la substance par de l'oxyde de cuivre mélangé à la substance même, dans un tube vide d'air ou parcouru par un courant de gaz carbonique pur, à recueillir l'azote sur de la potasse et à le mesurer en volume (Dumas) (*fig.* 33). Dans une autre méthode on chauffe la substance avec de la chaux sodée dans un courant d'hydrogène et on dose alcalimétriquement l'ammoniac produit.

Dans la pratique industrielle, pour les analyses d'engrais, par exemple, on utilise le procédé Kjeldahl. On fait bouillir un poids déterminé de substance avec un excès notable d'acide sulfurique concentré, en présence d'un oxydant, tel que le permanganate de potassium ajouté avec précaution. L'azote passe tout entier à l'état de sulfate d'ammonium (*fig.* 34).

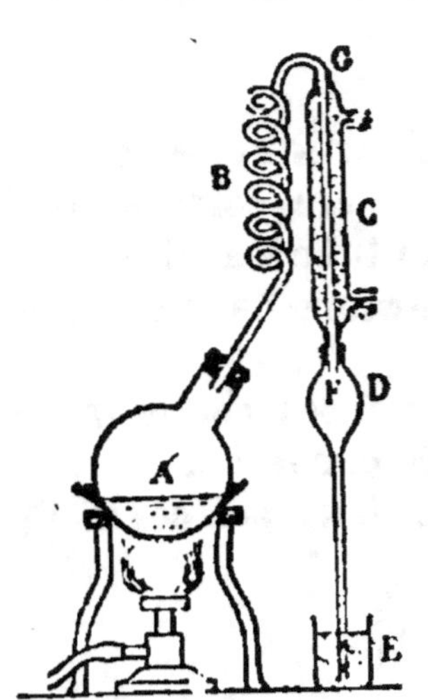

Fig. 34. — Appareil pour le dosage de l'azote à l'état d'ammoniaque.

On étend d'eau, on ajoute, après refroidissement, un excès de potasse caustique, et on porte à l'ébullition dans un grand ballon, A (*fig.* 34), surmonté d'un réfrigérant ascendant en étain B, où se condense la majeure partie de l'eau. Le reste de l'eau arrive avec l'ammoniaque dans le condenseur C. L'ammoniaque est ainsi recueillie dans le vase E, qui contient un volume connu d'acide sulfurique titré, par exemple 10 cc. d'acide sulfurique demi-normal. Le tube renflé D est destiné à empêcher les reflux de la liqueur dans le ballon B.

L'opération terminée, on dose l'acide sulfurique resté libre au moyen d'une liqueur alcaline demi-normale, en présence du tournesol, et on a ainsi par différence la quantité d'ammoniaque dégagée.

127. Dosage des éléments minéraux. — Une méthode très générale pour doser les éléments minéraux contenus dans une matière organique consiste à traiter la substance à 180° par un grand excès d'acide azotique fumant, dans un tube en verre épais, scellé à la lampe (Carius).

La substance est brûlée ; le chlore donne de l'acide chlorhydrique, le soufre de l'acide sulfurique, le phosphore de l'acide phosphorique ; on dosera ces acides en pesant les quantités de chlorure d'argent, AgCl, de sulfate de baryum.

SO⁴Ba, ou de pyrophosphate de magnésie, $P^2O^7Mg^2$, qu'ils peuvent fournir.

On aura mis par exemple dans le tube quelques cristaux de nitrate d'argent ou de chlorure de baryum et on n'aura ainsi qu'à recueillir le chlorure d'argent ou le sulfate de baryum et à les peser.

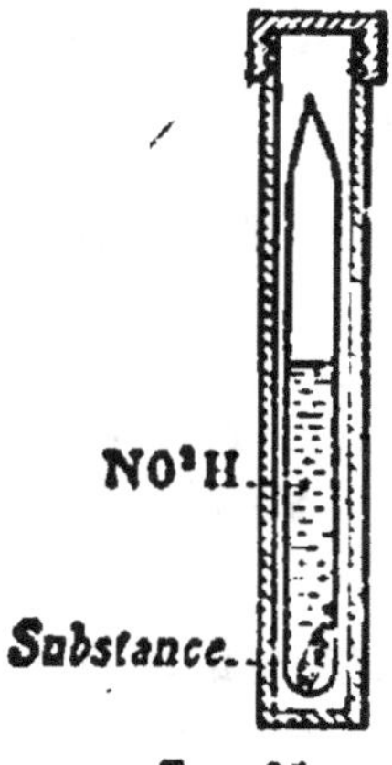

Fig. 35.
Tube scellé.

Pour les composés organiques chlorés, bromés ou iodés, il est beaucoup plus commode (Baubigny et Chavanne) de chauffer la substance avec du bichromate de potassium et de l'acide sulfurique en présence de sulfate d'argent. L'iode passe alors à l'état d'iodate d'argent, IO^3Ag, que l'on ramène ensuite à l'état d'iodure par réduction au moyen du gaz sulfureux. Le chlore et le brome se dégagent à l'état gazeux ; on les entraine par un courant d'air dans une solution de sulfite alcalin qui les arrête et où il est facile ensuite de les doser.

Enfin, les matières organiques peuvent renfermer des métaux que l'on retrouvera à l'état de sels, soit dans les cendres ou mieux dans le résidu de l'attaque de la matière organique par l'acide sulfurique concentré.

128. Synthèse organique. — La chimie organique fut d'abord l'étude des composés du carbone qui se rencontrent dans les tissus organisés. On put tout d'abord les dédoubler en composés moins complexes, par exemple l'amygdaline en acide prussique, glucose et aldéhyde benzoïque. La chimie organique fut donc à son origine purement analytique, allant du complexe au plus simple.

Il semblait alors impossible de remonter du simple au complexe et de reconstituer de toutes pièces les composés organiques formés dans les tissus par une sorte d'énergie mystérieuse, la « force vitale » de Berzélius.

Sans doute, Wœhler, en 1827, avait fait la synthèse de l'urée. On connaissait aussi des faits dont l'enchainement eût permis de passer de la synthèse de l'acétylène à la synthèse de l'alcool.

Mais c'est Berthelot (1827-1907) qui, dans la seconde moitié du xix⁰ siècle, par un magnifique ensemble de découvertes, a créé la synthèse organique, en tant que corps de doctrine ayant ses méthodes générales, et qui a fait de la chimie organique, science jusqu'alors d'analyse et de destruction, une science de synthèse et de création.

Depuis, ces méthodes sont passées du laboratoire dans l'industrie, et dès lors la chimie organique a pris un essor inespéré, créant de toutes pièces matières colorantes, parfums, produits pharmaceutiques et alimentaires, et devenant ainsi un facteur important du progrès industriel

Faire la synthèse d'un corps, c'est le reconstituer à partir des éléments ; c'est, par exemple, combiner l'hydrogène et l'oxygène pour former de l'eau.

On peut aussi partir de composés dont la synthèse aura été faite préalablement ; ainsi la production de l'alcool en partant de l'éthylène et de l'eau est considérée comme une synthèse, parce qu'on sait préparer l'éthylène et l'eau en partant de leurs éléments.

Nous serons amenés dans la suite à donner de nombreux exemples de synthèses organiques.

Les réactions utilisées dans la synthèse organique n'ont d'ailleurs aucun caractère spécial ; comme toutes les réactions, on peut les ramener aux trois types habituels : réactions d'addition, de substitution et de double décomposition.

129. Isomérie. — Polymérie. — La formule brute et le poids moléculaire d'un composé organique étant établis à l'aide de l'analyse, des considérations chimiques et des déterminations physico-chimiques exposées dans la première partie, il peut arriver et il arrive sans cesse qu'une même formule convienne à des composés bien distincts.

On appelle *isomères* les composés qui ont même composition centésimale et même poids moléculaire, par exemple l'acétate d'éthyle, $C^2H^3O^4.C^2H^5$, le propionate de méthyle, $C^3H^5O^2.CH^3$, et l'acide butyrique, $C^4H^7O^2H$. Tous ces composés sont représentés par une même formule : $C^4H^8O^2$.

Nous avons appelé *polymères* les composés qui ont même composition centésimale et des poids moléculaires différents. Ainsi, le glucose, $C^6H^{12}O^6$, l'acide lactique, $C^3H^6O^3$, l'acide acétique, $C^2H^4O^2$, sont des polymères du formol, CH^2O.

130. Formules développées. — L'acide butyrique, le propionate de méthyle, l'acétate d'éthyle, traités par la soude, se scindent de façons bien différentes.

L'acide butyrique donne du butyrate de sodium et de l'eau :

$$C^4H^7O^2.H + NaOH = C^4H^7O^2Na + H^2O ;$$

le propionate de méthyle donne du propionate de sodium et de l'alcool méthylique :

$$C^3H^5O^2.CH^3 + NaOH = C^3H^5O^2Na + CH^3.OH ;$$

l'acétate d'éthyle donne de l'acétate de sodium et de l'alcool éthylique.

$$C^2H^3O^2.C^2H^5 + NaOH = C^2H^3O^2Na + C^2H^5.OH.$$

Les façons différentes dont nous avons écrit les formules de ces composés rappellent précisément leur mode habituel de décomposition.

Les *formules développées* permettent donc de rappeler d'une façon saisissante les propriétés connues d'un composé et parfois-même, par analogie, d'en prévoir de nouvelles.

On peut d'ailleurs développer plus ou moins la formule d'un composé suivant la transformation que l'on a en vue.

Ainsi, dans le cours de Première il nous a suffi d'écrire C^2H^6 la formule de l'éthane, $C^2H^5.Cl$ celle du chlorure d'éthyle, $C^2H^5.OH$ la formule de l'alcool éthylique, pour mettre en évidence le radical éthyle et la filiation du chlorure d'éthyle, de l'alcool éthylique, des éthers éthyliques, etc.

131. Tétravalence du carbone. — Tant que les formules développés ne font que rappeler les propriétés des composés, tant qu'elles résultent par conséquent d'une interprétation rigoureuse des faits, elles ont un caractère expérimental indiscutable.

Mais, dans la pratique, on est souvent bien embarrassé pour choisir entre diverses formules de constitution applicables à un même composé, chacune d'elles expliquant mieux certaines propriétés au détriment de certaines autres.

Le nombre de ces formules développées entre lesquelles on peut hésiter avant de s'arrêter à une formule définitive, est extrêmement considérable.

Il se trouve singulièrement restreint dès que l'on s'impose la condition que *dans toutes les formules des composés organiques les atomes de carbone sont tétravalents.*

La tétravalence du carbone posée par Kékulé comme le principe fondamental des théories de la chimie organique, n'est en somme qu'une hypothèse ; mais cette hypothèse a permis de grouper et de prévoir des millions de faits que l'expérience a confirmés ; de concevoir l'existence de centaines de milliers de composés que la synthèse a pu reconstruire pièce par pièce.

132. Fonctions. — Le mot *fonction* désigne un ensemble de propriétés et, par extension, le groupe des composés qui possèdent ces propriétés.

Ainsi on dit indifféremment que tel corps possède la fonction alcool ou qu'il appartient à la fonction alcool.

On classe donc les composés de la chimie organique en *fonctions,* c'est-à-dire en groupes de corps présentant des propriétés communes.

Parmi les fonctions que nous étudierons dans la suite, les principales sont :

la fonction carbure saturé ;

la fonction carbure éthylénique ;

la fonction carbure acétylénique ;

la fonction alcool ;

la fonction aldéhyde ;
la fonction acide ;
la fonction éther-sel ;
la fonction phénol ;
la fonction amine ;
la fonction amide ;
la fonction nitrile.

Nous serons conduits à admettre, dans tous les composés possédant une certaine fonction, l'existence d'un certain groupement d'atomes que nous appellerons le *groupement fonctionnel*.

Nous écrirons par exemple la formule développée de l'acide acétique $CH^3 - CO^2H$. Le groupement fonctionnel $- CO^2H$ se retrouve dans la molécule de tous les acides organiques.

De même que l'acide sulfurique, certains acides organiques sont deux fois acide, ils renferment alors dans leur molécule deux groupements fonctionnels $- CO^2H$. Tels sont l'acide oxalique, $CO^2H - CO^2H$, l'acide succinique, $CO^2H - CH^2 - CO^2H$.

Les composés qui possèdent à la fois les propriétés appartenant à des fonctions différentes sont dits corps à fonctions multiples ; nous étudierons par exemple les acides-alcools, c'est-à-dire des composés qui sont à la fois acides et alcools et qui par conséquent doivent renfermer dans leur molécule à la fois le groupement fonctionnel des acides et le groupement fonctionnel des alcools.

Nous étudierons donc des corps à fonction simple et des corps à fonctions multiples.

CHAPITRE XIV

CARBURES D'HYDROGÈNE ET DÉRIVÉS HALOGÉNÉS

183. Homologie. — On sait que les carbures d'hydrogène se répartissent en plusieurs groupes et notamment en *carbures saturés* et en *carbures non saturés*. Le méthane, CH^4, et l'éthane, C^2H^6, sont des carburés saturés ; tandis que l'éthylène, C^2H^4, et l'acétylène, C^2H^2, sont des carbures non saturés.

Le méthane, l'éthylène et l'acétylène sont chacun le type et le terme fondamental de trois *séries homologues*, c'est-à-dire de trois séries de carbures dont chacun diffère du terme fondamental en ce que sa molécule renferme en plus un certain nombre de fois CH^2.

Autrement dit, dans une série homologue, on passe d'un terme au suivant en remplaçant un atome d'hydrogène par un groupement CH^3.

134. Carbures saturés. — Les homologues du méthane et le méthane lui-même sont dits *saturés* parce qu'ils ne peuvent pas donner, avec le chlore par exemple, des produits d'*addition*, mais seulement des produits de *substitution.*

Nous voyons en effet que dans la formule développée du méthane

$$H - \overset{\displaystyle H}{\underset{\displaystyle H}{\overset{|}{\underset{|}{C}}}} - H$$

les quatre valences du carbone sont satisfaites.

Si on abandonne à la lumière solaire indirecte un mélange de chlore et de méthane, la couleur verte du chlore disparaît peu à peu, un atome de chlore s'unit à un atome d'hydrogène pour donner du gaz chlorhydrique et un deuxième atome de chlore vient remplacer dans le méthane l'hydrogène enlevé. On a la réaction

$$CH^4 + Cl^2 = HCl + CH^3Cl.$$

On obtient ainsi le *méthane monochloré*, ou chlorure de méthyle, CH^3Cl, ou

$$H - \overset{\overset{\textstyle H}{|}}{\underset{\underset{\textstyle H}{|}}{C}} - Cl$$

En fait on obtient en même temps du *méthane dichloré* CH^2Cl^2, du *méthane trichloré*, $CHCl^3$, ou *chloroforme* et du *méthane tétrachloré*, CCl^4, ou *tétrachlorure de carbone* suivant que un, deux, trois, quatre atomes de chlore monovalent *se substituent* à un nombre égal d'atomes d'hydrogène avec formation d'un nombre égal de molécules de gaz chlorhydrique.

Les mêmes réactions se produisent plus ou moins facilement avec tous les *homologues* du méthane.

Le brome donne avec moins de rapidité les mêmes réactions que le chlore.

Ces opérations de substitution se trouvent facilitées par exposition à la lumière, et par l'influence de divers *catalyseurs* notamment la limaille de fer, les oxydes de fer, le perchlorure d'antimoine et l'iode.

Pour ce dernier corps, le pouvoir catalysant tient à la formation et à la destruction successives de chlorures d'iode (ICl et ICl³). L'iode ne donne pas lui-même de réactions directes de substitution. Les dérivés iodés s'obtiennent en chauffant les dérivés chlorés ou bromés avec un iodure alcalin ou alcalino-terreux. Ainsi l'on peut avoir de l'iodure de méthyle par la réaction :

$$CH^3Cl + KI = CH^3I + KCl.$$

135. Modes généraux de préparation des carbures saturés. — État naturel et préparation en partant de composés divers. — Rappelons tout d'abord que ces carbures existent tout formés dans les pétroles d'Amérique et que l'on peut les séparer par distillation fractionnée.

Un mode général de préparation consiste, pour obtenir le carbure C^nH^{2n+2}, à chauffer avec de la chaux sodée un sel de sodium de l'acide $C^{n+1}H^{2n+2}O^2$. Ainsi l'acétate de sodium, $CH^3.CO^2Na$, chauffé fortement avec de la chaux sodée donne du carbonate de sodium et du méthane

$$CH^3.CO^2Na + NaOH = CO^3Na^2 + CH^4.$$

Un autre mode très général de formation des carbures saturés a été indiqué par Berthelot : un composé organique quelconque en C^n, chauffé pendant six heures en tube scellé, à 250°, avec un grand excès d'une solution concentrée d'acide iodhydrique, se transforme régulièrement en le carbure saturé C^nH^{2n+2}.

Synthèses en partant du méthane. — Enfin Würtz a donné une méthode absolument générale pour construire de toutes pièces, en quelque sorte, la molécule d'un carbure saturé.

Cette méthode, qui doit être considérée comme une méthode de synthèse, dès lors qu'on a réalisé la synthèse du méthane à partir des éléments, est la suivante :

On chauffe en tube scellé 2 molécules d'iodure de méthyle CH^3I avec 2 atomes de sodium, c'est-à-dire des poids respectivement proportionnels à 142×2 et à 23×2 ; on obtient l'*éthane* suivant la réaction

$$2CH^3I + 2Na = 2NaI + C^2H^6.$$

Il est donc naturel de considérer l'éthane comme résultant de l'union de deux radicaux méthyle et d'écrire sa formule développée

$$CH^3 - CH^3$$

ou mieux encore

$$H-\overset{\displaystyle\overset{H}{|}}{C}-\overset{\displaystyle\overset{H}{|}}{\underset{\displaystyle\underset{H}{|}}{C}}-H$$

dans laquelle les deux atomes de carbone apparaissent comme *tétravalents*.

L'éthane étant comme le méthane un carbure saturé, peut donner, comme nous l'avons indiqué, un dérivé chloré au moyen duquel on obtient un dérivé *iodé* ; et ce dernier traité par l'iodure de méthyle et le sodium, fixe un nouveau radical méthyle et donne le *propane* C^3H^8 ou, en formule développée, $CH^3 - CH^2 - CH^3$, ou encore

$$H-\overset{\displaystyle\overset{H}{|}}{C}-\overset{\displaystyle\overset{H}{|}}{C}-\overset{\displaystyle\overset{H}{|}}{\underset{\displaystyle\underset{H}{|}}{C}}-H$$

On s'explique alors, d'après cette formule développée, qu'il existe deux propanes monochlorés ou chlorures de propyle, savoir : le chlorure de propyle *primaire*

$$CH^3 - CH^2 - CH^2Cl,$$

et le chlorure de propyle *secondaire* $CH^3 - CHCl - CH^3$, suivant que la substitution de Cl à H a lieu dans un groupement $-CH^3$ ou dans le groupement $-CH^2-$.

Suivant enfin que nous traiterons l'un ou l'autre de ces propanes monochlorés par le chlorure de méthyle et le sodium, nous obtiendrons soit le *butane normal*

$$CH^3 - CH^2 - CH^2 - CH^3,$$

soit l'*isobutane*

$$CH^3 - CH - CH^3$$
$$\underset{\displaystyle CH^3}{\overset{\displaystyle |}{}}$$

que l'on appelle aussi le triméthylméthane, puisqu'il résulte du remplacement de 3H du méthane par 3CH³. On peut l'écrire aussi (CH³)³CH.

L'isobutane pourrait s'obtenir d'ailleurs en mettant en présence une molécule d'iodoforme, CHI³, trois molécules d'iodure de méthyle et six atomes de sodium.

On aurait la réaction

$$CHI^3 + 3CH^3I + 6Na = CH(CH^3)^3 + 6NaI.$$

Ainsi la théorie prévoit et l'expérience confirme l'existence de deux butanes isomères.

On voit donc comment la méthode de Würtz permet de s'élever d'un terme aux suivants dans la série des homologues du méthane et on comprend que les isomères deviennent de plus en plus nombreux à mesure que le nombre des atomes de carbone va en augmentant.

On voit enfin comment les méthodes de synthèse permettent de construire, en quelque sorte pièce par pièce, les composés les plus compliqués de la chimie organique.

Les considérations qui précèdent expliquent la variété innombrable des carbures saturés représentés par la formule générale C^nH^{2n+2}.

Synthèse en partant de l'acétylène. — La synthèse de l'acétylène, que nous exposerons plus loin, conduit également à celle des carbures saturés. Nous verrons en effet que l'hydrogénation de l'acétylène en présence du nickel réduit, donne de l'éthane, d'après la réaction

$$C^2H^2 + 2H^2 = C^2H^6.$$

On entend par nickel réduit un métal très poreux obtenu en chauffant à 350° dans un courant d'hydrogène pur de l'oxyde de nickel pur.

En même temps l'hydrogénation de l'acétylène vers 200°, en présence du nickel réduit, donne, par un phénomène de polymérisation, un mélange de carbures forméniques, constituant un liquide jaune clair fluorescent ressemblant tout à fait au pétrole d'Amérique rectifié. L'acétylène passant seul sur le nickel réduit, à 250°, donnerait d'abord des pro.

duits condensés qui, après hydrogénation, se transforment en un liquide analogue au pétrole du Caucase (Sabatier).

136. Étude sommaire de quelques carbures saturés. — Méthane. — Le méthane bout à — 164° sous la pression normale ; sa température critique est à — 82°.

Chauffé très fort il donne de l'hydrogène, du carbone, de l'acétylène et divers autres carbures. Il se dégage abondamment de certaines fissures du sol dans les régions pétrolifères ; il imprègne certaines houilles, c'est le grisou des mineurs ; il constitue presque la moitié du gaz d'éclairage. Il se forme lors du chauffage et lors de la putréfaction de la plupart des matières organiques.

La synthèse du méthane peut être réalisée de diverses manières.

Berthelot faisait passer sur du cuivre chauffé au rouge du sulfure de carbone et de l'hydrogène sulfuré :

$$CS^2 + 2H^2S + 8Cu = 4Cu^2S + CH^4.$$

Moissan décomposait par l'eau le carbure d'aluminium, obtenu lui-même en réduisant l'alumine par le charbon au four électrique :

$$C^3Al^4 + 12H^2O = 3CH^4 + 4Al(OH)^3.$$

Enfin Sabatier obtient régulièrement le méthane en faisant passer de l'oxyde de carbone mélangé avec un léger excès d'hydrogène sur du nickel réduit et chauffé entre 230 et 250°.

On a la réaction

$$CO + 6H = CH^4 + H^2O.$$

On réalise plus simplement encore la synthèse du méthane en chauffant du charbon de sucre à 1200° dans un courant d'hydrogène.

137. Éthane. — L'éthane, C^2H^6, bout à — 93° ; sa température critique est 32°. C'est donc un gaz beaucoup plus facile à liquéfier que le méthane. Comme ce dernier, il se trouve abondamment dans le pétrole brut et se dégage du sol notamment à Pittsburg où il est utilisé en grand.

On l'obtient facilement par électrolyse d'une solution d'acétate alcalin

Ainsi l'acétate de potassium donne à la cathode le métal ou plutôt en réalité de la potasse et de l'hydrogène, tandis que $CH^3\text{-}CO^2$ se porte à l'anode; là il dégage CO^2, et deux groupes méthyle s'unissent en une molécule d'éthane.

$$CH^3\text{-}CO^2K \atop CH^3\text{-}CO^2K} + 2\,H^2O = 2H + 2\,KOH + 2\,CO^2 + {CH^3 \atop |} \atop CH^3$$

Nous ne décrirons pas les autres carbures de la série dont la plupart présentent moins d'intérêt comme individualités chimiques, mais qui forment des mélanges d'une grande importance industrielle constituant les *pétroles,* les *vaselines* et les *paraffines.*

Une *série homologue* est ainsi constituée, nous le répétons, par des composés dont les formules ne diffèrent que par un certain nombre de fois CH^2.

Il est à remarquer que l'introduction de CH^2 dans la molécule d'un composé organique, n'en modifie pas essentiellement les caractères chimiques; les corps d'une même *série homologue* ont des propriétés chimiques semblables.

Seules les propriétés physiques varient régulièrement; voici par exemple les points d'ébullition de quelques homologues du méthane :

Méthane	CH^4	— 164°		Pentane	C^5H^{12}	+ 38°
Ethane	C^2H^6	— 93°		Hexane	C^6H^{14}	+ 71°
Propane	C^3H^8	— 45°		Heptane	C^7H^{16}	+ 98°,4
Butane	C^4H^{10}	+ 1°		Octane	C^8H^{18}	+ 125°,5

Les carbures supérieurs sont solides, ainsi $C^{35}H^{72}$ fond à 75° et ne peut être distillé que dans le vide vers 300°.

Ces carbures portent la dénomination générale de *carbures forméniques,* le méthane étant appelé aussi *formène.* On dit qu'ils sont *saturés* parce qu'ils ne donnent avec le chlore aucun produit d'*addition* [différence avec l'éthylène] mais seulement des produits de *substitution.*

Les isomères ont, bien entendu, des propriétés différentes ; ainsi le butane normal bout à 1° et l'isobutane à — 17°.

Mais à mesure que l'on s'élève dans la série, les différences entre isomères s'atténuent, ce qui limite pratiquement la diversité de ces carbures saturés.

138. Dérivés halogénés des carbures saturés. — Préparation. — Nous avons déjà indiqué la production *directe* des dérivés chlorés et bromés des carbures saturés, et le moyen de les transformer en dérivés iodés par chauffage avec un iodure alcalin ou alcalino-terreux. On peut ainsi obtenir des dérivés mono ou polyhalogénés.

Les dérivés monohalogénés s'obtiennent plus facilement par l'action simultanée d'un halogène et du phosphore sur un alcool. Ainsi, en faisant arriver peu à peu de l'iode dans un ballon où l'on chauffe légèrement de l'alcool méthylique et du phosphore blanc, on obtient un dégagement régulier d'iodure de méthyle ; cela revient à faire agir l'iodure de phosphore sur l'alcool suivant la réaction

$$PI^3 + 3CH^3OH = PO^3H^3 + 3CH^3I.$$

On a aussi un dérivé monochloré en chauffant de l'alcool avec du sel marin et de l'acide sulfurique, ce qui revient à faire agir l'acide chlorhydrique naissant sur l'alcool. On a ainsi des réactions telles que

$$C^2H^5OH + HCl = C^2H^5Cl + H^2O.$$

Propriétés générales. — Ces dérivés, et notamment les dérivés iodés, sont très employés pour diverses synthèses organiques, ainsi que nous venons de le voir pour la préparation des carbures.

Ils peuvent généralement échanger Cl, Br ou I contre OH et donner des alcools. Cela se produit en les faisant agir soit sur l'oxyde d'argent humide, soit encore sur la potasse dissoute dans l'eau. On a par exemple à 100° la réaction

$$2C^2H^5.I + H^2O + Ag^2O = 2C^2H^5OH + 2AgI.$$

Mais la potasse dissoute dans l'alcool leur enlève au contraire HCl, HBr ou HI et donne un carbure éthylénique. Dans ces conditions on a des réactions telles que

$$C^2H^5I + KOH = C^2H^4 + H^2O + KI.$$

139. Chlorure de méthyle. — Le chlorure de méthyle, CH^3Cl, bout à — 23°,7 sous la pression atmosphérique; sa température critique est de 143°. Il est employé pour obtenir rapidement des refroidissements intenses.

On l'utilise aussi dans l'industrie des matières colorantes, pour introduire le radical méthyle dans divers composés.

Le chlorure de méthyle s'obtient, régulièrement, en chauffant dans un ballon du *sel marin* fondu et concassé avec un mélange d'*acide sulfurique concentré* et d'*alcool méthylique*. L'acide chlorhydrique résultant de l'action de SO^4H^2 sur NaCl, réagit sur l'alcool méthylique et donne du chlorure de méthyle. Le gaz dégagé passe dans un flacon à potasse où il se débarrasse de l'acide chlorhydrique entraîné; on peut le recueillir sur l'eau ou bien le dessécher et le liquéfier. On a la réaction

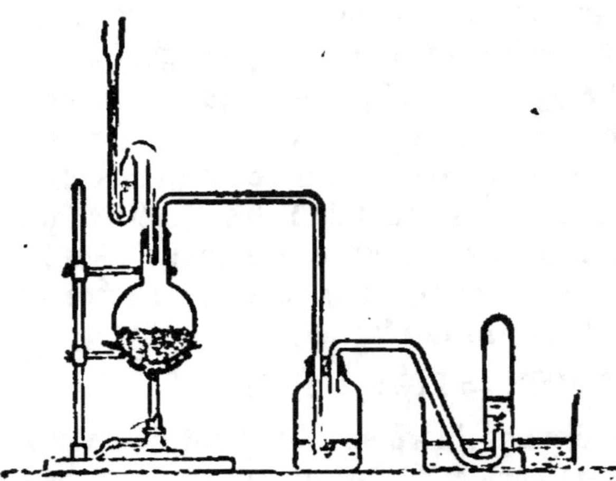

Fig. 36. — Préparation du chlorure de méthyle.

$$CH^3.OH + NaCl + SO^4H^2 = SO^4NaH + H^2O + CH^3Cl.$$

On le prépare industriellement en distillant les vinasses de betteraves. On le transporte à l'état liquide dans des récipients métalliques bienclos.

140. Chlorure d'éthyle. — Le chlorure d'éthyle, C^2H^5Cl, bout à + 12° sous la pression atmosphérique et se conserve aisément dans des récipients de verre fermés solidement. Son point critique est à 182°. Il est utilisé comme anesthésique local, seul ou mélangé avec du chlorure de méthyle.

On l'obtient en chauffant de l'alcool ordinaire avec du sel et de l'acide sulfurique.

141. Chloroforme. — Le dérivé trichloré du méthane plus connu sous le nom de chloroforme, $CHCl^3$, est un corps

Fig. 37. — Préparation du chloroforme.

très important par ses propriétés anesthésiques. L'inhalation de ses vapeurs procure une sorte de sommeil accompagné d'insensibilité absolue et utilisé pour les opérations de chirurgie.

La découverte et l'utilisation du pouvoir *anesthésique* du chloroforme sont dus à Soubeiran (1831).

Le *chloroforme* est un liquide incolore, d'une odeur caractéristique, d'une saveur brûlante ; il bout à 61° ; il est lourd ($d = 1,48$), comme d'ailleurs, en général, les produits chlorés ; il est peu soluble dans l'eau, mais il dissout facilement les substances organiques et certains métalloïdes : l'iode, le soufre, par exemple.

On l'obtient pur en chauffant du chloral, CCl^3CHO, avec de la soude et de l'eau ; il se fait la réaction

$$CCl^3CHO + NaOH = CHCl^3 + HCO^2Na.$$

chloral   chloroforme   formiate
de sodium

On le prépare couramment en distillant dé *l'alcool* (ou de *l'acétone*) avec un grand excès de *chlorure de chaux* additionné d'un *lait de chaux,* dans une grande cornue communiquant avec un récipient refroidi.

Le chlorure de chaux agit sur l'alcool à la fois comme corps avide d'hydrogène en donnant de l'aldéhyde :

$$C^2H^6OH + 2Cl = 2HCl + CH^3CHO ;$$

aldéhyde

puis comme chlorurant pour remplacer 3H par **3Cl** et donner *l'aldéhyde trichloré* ou *chloral* :

$$CH^3CHO + 6Cl = CCl^3CHO + 3HCl.$$

aldéhyde   chloral

Enfin la chaux dédouble le chloral, comme feraient les alcalis, en formiate et chloroforme. Le chloroforme ainsi obtenu est mélangé d'eau et d'alcool ; on le rectifie une première fois, on le lave avec un peu d'eau pour enlever l'alcool qu'il retient ; on le dessèche sur du chlorure de calcium et on le rectifie à nouveau.

Le chloroforme destiné aux inhalations, doit être de préparation récente. En effet, il s'altère à l'air en donnant de l'oxychlorure de carbone $COCl^2$ dangereux à respirer et de l'acide chlorhydrique

$$CHCl^3 + O = COCl^2 + HCl.$$

Le chloroforme altéré trouble une solution de nitrate d'argent par suite d'une précipitation de chlorure d'argent.

Il se conserve mieux en présence de l'alcool, mais on reconnaît le chloroforme alcoolisé à ce qu'il se trouble par agitation avec l'eau.

142. Iodoforme. — *L'iodoforme* ou méthane triiodé, CHI^3, s'obtient par un procédé analogue ; on porte à l'ébul lition un mélange d'alcool (ou d'acétone) et d'une lessive de carbonate de soude, puis on y projette des cristaux d'iode. Tout se passe encore comme s'il y avait successivement oxydation de l'alcool par l'iode en milieu alcalin et formation d'aldéhyde, puis d'aldéhyde triiodé et dédoublement de celui-ci par l'alcali avec formation d'iodoforme.

Ce dernier se dépose en lamelles jaunes, peu solubles dans l'eau, solubles dans l'alcool et l'éther, et fondant vers 120°.

L'iodoforme possède une odeur très pénétrante et extrêmement désagréable ; il est employé comme antiseptique et cicatrisant.

143. Carbures éthyléniques. — Éthylène. — Nous avons déjà signalé l'existence de nombreux groupes de carbures non saturés. Nous allons étudier les plus connus : carbures éthyléniques et acétyléniques.

On sait (Voir cours de Première) que l'on obtient par déshydratation de l'alcool ordinaire, un carbure bien différent des carbures saturés : c'est l'*éthylène*, type d'une famille de carbures dits *carbures éthyléniques*.

Ces carbures peuvent s'obtenir comme l'éthylène par déshydratation des alcools correspondants ; mais on sait aussi les préparer en partant des carbures saturés. C'est ce que nous allons expliquer dans le cas de l'éthylène lui-même. Revenons, en effet, à l'éthane monochloré ou chlorure d'éthyle, $CH^3 - CH^2Cl$; traitons ce composé ou, plus commodément, le bromure d'éthyle, CH^3-CH^2Br, moins volatil, par la potasse alcoolique, c'est-à-dire par une solution de potasse dans l'alcool, nous lui enlevons HBr et nous obtenons de l'éthylène, C^2H^4.

L'éthylène dérive donc de l'éthane par perte de deux atomes d'hydrogène. Il peut d'ailleurs, par fixation d'hydrogène, redonner de l'éthane ; il suffit de faire passer sur du nickel réduit et légèrement chauffé, un mélange d'éthylène et d'hydrogène :

$$C^2H^4 + H^2 = C^2H^6.$$

L'éthylène fixe directement deux atomes de chlore ou de

brome pour donner le chlorure d'éthylène et le bromure d'éthylène. L'éthylène est donc, par opposition à l'éthane, un carbure non saturé, c'est-à-dire susceptible de donner des produits d'addition.

Voilà les faits ; essayons de les interpréter. Partant de la formule de constitution de l'éthane

$$CH^3 - CH^3,$$

nous pouvons nous demander si, dans la formation de l'éthylène, les deux atomes d'hydrogène ont été enlevés au même atome de carbone ou à deux atomes distincts ; si la formule développée de l'éthylène est $CH^3.CH$ ou $CH^2.CH^2$. Dans le premier cas on aurait deux produits de substitution possibles, deux éthylènes monobromés $CH^2Br.CH$ et $CH^3.CBr$.

On n'en connaît qu'un seul, que l'on obtient en enlevant HBr au bromure d'éthylène, $C^2H^4Br^2$, par la potasse alcoolique.

Ce fait et d'autres analogues conduisent à donner à l'éthylène une formule symétrique $CH^2.CH^2$.

Mais dans cette formule le carbone serait trivalent. On est conduit alors par l'hypothèse de Kékulé à *admettre* que les deux atomes de carbone sont reliés par une double liaison et que l'éthylène est représenté par la formule développée $CH^2 = CH^2$.

La présence de liaisons multiples dans leurs formules développées caractérise les composés organiques non saturés.

Les liaisons doubles n'ont pas en général la résistance des liaisons simples ; nous les voyons s'ouvrir facilement en présence de l'hydrogène, des halogènes et d'autres réactifs.

C'est ainsi que nous avons pu passer de l'éthylène à l'éthane et au bromure d'éthylène :

$$CH^2 = CH^2 + H^2 = CH^3 - CH^3,$$
$$CH^2 = CH^2 + Br^2 = CH^2Br - CH^2Br.$$

L'éthylène fixe également les éléments de l'acide iodhydrique, il suffit de le chauffer à 100°, en tube scellé, bien

entendu, en présence d'une solution concentrée d'acide
iodhydrique ; on a la réaction

$$CH^2 = CH^2 + HI = CH^3 - CH^2I ;$$

on obtient de l'iodure d'éthyle.

Bientôt nous montrerons que l'iodure d'éthyle, traité par
l'oxyde d'argent humide, donne de l'alcool éthylique :

$$CH^3 - CH^2I + AgOH = CH^3 - CH^2. OH + AgI.$$
$$\text{iodure} \qquad\qquad \text{alcool éthylique}$$
$$\text{d'éthyle}$$

Nous montrerons également que l'éthylène est absorbé à
froid par l'acide sulfurique concentré et donne un composé,
l'acide éthylsulfurique, $CH^3 - CH^2.SO^4H$, qui traité par l'eau
régénère l'acide sulfurique en donnant de l'alcool. On a les
réactions

$$CH^2 = CH^2 + SO^4H^2 = CH^3 - CH^2.SO^4H,$$
$$CH^3 - CH^2.SO^4H + H^2O = CH^3 - CH^2.OH + SO^4H^2.$$

Cette formation synthétique de l'alcool à partir de l'éthylène n'apparaîtra dans toute son importance que lorsque
nous aurons réalisé la synthèse de l'éthylène à partir de
l'acétylène.

Mais elle nous montre dès maintenant que si l'on peut
préparer l'éthylène au moyen de l'alcool et de l'acide sulfurique, on peut inversement passer de l'éthylène à l'alcool.

144. Homologues de l'éthylène. — Les propriétés
générales que nous venons de rappeler se retrouvent dans
un groupe nombreux de composés : les carbures éthyléniques
représentés par la formule générale C^nH^{2n} et qui dérivent
des carbures saturés par un mécanisme analogue à celui
qui nous a donné l'éthylène.

Ainsi, du propane, $CH^3 - CH^2 - CH^3$, nous passons au propane
monobromé ou bromure de propyle

$$CH^3 - CH^2 - CH^2Br,$$

par substitution directe du brome.

Le propane monobromé, traité par la potasse alcoolique, perd HBr et donne le propylène, $CH^3 - CH = CH^2$.

Celui-ci peut fixer deux atomes de brome et donner un produit d'addition, le bromure de propylène

$$CH^3 - CHBr - CH^2Br.$$

Le propylène est également absorbé par l'acide sulfurique concentré et froid et par l'acide iodhydrique en solution concentrée.

Dans la formule de chacun de ces carbures on admet l'existence d'une double liaison pour expliquer leur aptitude à donner des composés d'addition.

145. — Carbures acétyléniques. Acétylène. — Synthèse de l'acétylène. — La synthèse de l'acétylène a été réalisée par Berthelot en faisant jaillir l'arc électrique dans une atmosphère d'hydrogène entre deux baguettes de charbon.

Dans un ballon de verre on dispose deux baguettes de charbon, glissant dans deux bouchons traversés par des tubes de verre

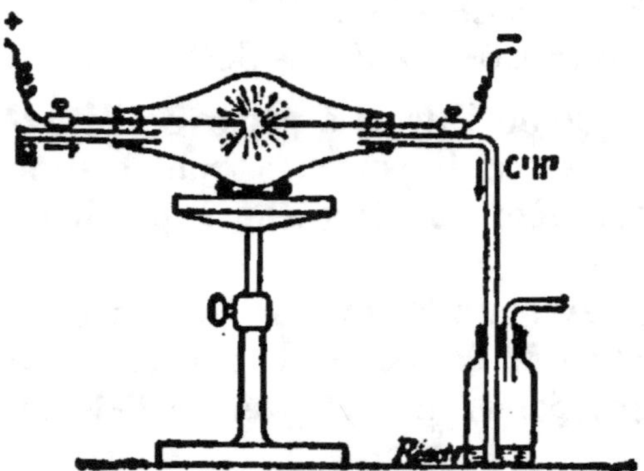

Fig. 38. — Synthèse de l'acétylène.

servant à faire circuler l'hydrogène. Quand l'appareil est bien purgé d'air, on fait jaillir l'arc et l'on envoie les gaz qui sortent dans une solution ammoniacale de chlorure cuivreux. Il se produit un précipité rouge d'acétylure cuivreux caractéristique de la présence de l'acétylène.

Ainsi on combine directement l'hydrogène avec la vapeur de carbone :

$$2C + 2H = C^2H^2.$$

Plus récemment, Moissan a obtenu l'acétylène en décomposant par l'eau le carbure de calcium, préparé lui-même en réduisant la chaux par le charbon au four électrique :

$$C^2Ca + 2H^2O = Ca(OH)^2 + C^2H^2.$$

C'est encore là une synthèse de l'acétylène.

Or la synthèse de l'acétylène est un fait d'une importance primordiale. Car il suffit de chauffer ce gaz avec de l'hydrogène pour obtenir de *l'éthylène* et de *l'éthane*.

De la synthèse de l'éthylène nous passerons à celle de l'alcool et à bien d'autres encore ; la condensation de l'acétylène sous l'action de la chaleur nous donnera le benzène. Bref la synthèse de l'acétylène est l'un des points de départ de la synthèse organique ; la synthèse du méthane en est un autre.

Formule développée de l'acétylène. — De même que l'on passe de l'acétylène à l'éthylène, on peut inversement obtenir l'acétylène en partant de l'éthylène.

Le bromure d'éthylène $CH^2Br\text{-}CH^2Br$, soumis à l'action prolongée de la *potasse alcoolique,* perd successivement une puis deux molécules de HBr, et donne d'abord l'éthylène monobromé, $CH^2 = CHBr$, produit de *substitution* de l'éthylène, puis l'acétylène, $CH = CH$.

On remarquera que, pour écrire la formule développée de l'acétylène, nous sommes obligés, dans l'hypothèse de Kékulé, de relier les deux atomes de carbone par une liaison triple.

La présence de cette liaison triple dans une formule développée caractérise les carbures dits acétyléniques ; elle correspond à un caractère de non saturation plus prononcé encore que celui des carbures éthyléniques.

En effet l'acétylène peut fixer successivement deux atomes de chlore en donnant $CHCl = CHCl$ qui est l'éthylène bichloré, puis deux atomes de plus en donnant $CHCl^2\text{-}CHCl^2$ qui est l'éthane tétrachloré symétrique ou tétrachlorure d'acétylène.

En fait, la réaction du chlore est extrêmement violente, elle donne du carbone et du gaz chlorhydrique mais on peut la modérer en diluant les gaz avec de l'azote et évitant toute trace d'oxygène.

On obtient des produits d'addition analogues avec le brome et l'iode.

146. Action de l'acétylène sur les métaux et les sels métalliques. — L'acétylène se comporte avec les métaux d'une façon très particulière ; les atomes d'hydrogène peuvent être remplacés par des métaux en donnant des acétylures. Il suffit de chauffer du sodium en présence d'acétylène pour obtenir successivement C^2HNa et C^2Na^2.

Ces composés ne sont pas des sels ; l'eau les décompose en donnant de la soude et en dégageant de l'acétylène.

De même le calcium, dissous dans l'ammoniac liquéfié, donne avec l'acétylène un acétylure de calcium C^2Ca dont les propriétés chimiques sont les mêmes que celles du carbure de calcium obtenu en réduisant la chaux par le charbon au four électrique.

Bien plus, l'acétylène peut réagir, par double décomposition, sur les sels métalliques. Il précipite les sels d'argent, en donnant des acétylures d'argent, explosifs, C^2AgH et C^2Ag, colorés en jaune ; il est absorbé par le chlorure cuivreux dissous dans l'ammoniaque, en donnant des acétylures complexes de couleur rouge, dont on utilise la formation pour reconnaître l'acétylène.

147. Homologues de l'acétylène. — L'acétylène est le type d'une série homologue de carbures acétyléniques dont la formule générale est C^nH^{2n-2}.

On les obtient en traitant les bromures éthyléniques par la potasse alcoolique. Ils renferment tous une liaison triple ; toutefois on distingue les carbures acétyléniques vrais et les carbures acétyléniques bisubstitués : par exemple les deux butines $CH^3 - CH^2 - C \equiv CH$ et $CH^3 - C \equiv C - CH^3$.

Seuls les premiers, qui renferment un hydrogène au voisinage de la liaison triple, peuvent donner des *dérivés métalliques* analogues aux acétylures.

CHAPITRE XV

ALCOOLS SATURÉS MONOVALENTS

---

148. Alcool méthylique. — Pour établir les caractères fondamentaux de la fonction alcool, nous exposerons ou nous rappellerons les propriétés des deux alcools les plus importants et aussi les plus simples, savoir : l'alcool méthylique, $CH^3.OH$, ou esprit de bois, et l'alcool éthylique, $CH^3.CH^2OH$, ou esprit de vin.

Ces deux composés sont les deux premiers termes de la série homologue des alcools saturés monovalents $C^nH^{2n+1}.OH$.

L'alcool méthylique ou *méthanol*, prend naissance en même temps que l'acide acétique dans la distillation du bois. C'est un liquide mobile, incolore, d'une odeur spiritueuse, d'une saveur brûlante. Il bout à 66°; il est plus léger que l'eau [$d = 0,8$], à laquelle il se mélange en toutes proportions ; c'est un dissolvant des corps gras, des résines ; il sert à fabriquer les vernis.

Il brûle avec une flamme pâle en donnant du gaz carbonique et de l'eau, c'est *l'alcool à brûler* ; il sert aussi à *dénaturer* l'alcool ordinaire.

Avec le sodium, il donne de l'hydrogène et de l'alcool sodé

$$CH^3.OH + Na = CH^3.ONa + H,$$

tout comme l'eau donne de la soude caustique

$$H^2O + Na = HONa + H.$$

Donc l'alcool méthylique peut être considéré comme étant de l'eau dans laquelle un atome d'hydrogène est remplacé par le radical méthyle ; nous l'écrivons CH³.OH pour mettre en évidence l'hydrogène remplaçable par du sodium.

L'alcool méthylique mis en digestion *prolongée* avec du gaz chlorhydrique donne du *chlorure de méthyle* et de l'eau :

$$CH^3.OH + HCl = CH^3Cl + H^2O,$$

de même que la potasse donne du chlorure de potassium et de l'eau

$$KOH + HCl = KCl + H^2O ;$$

seulement, dans ce dernier cas la réaction est instantanée.

La relation entre le méthanol et le chlorure de méthyle nous montre que le méthanol, CH⁴.OH, est du méthane, CH⁴, dont un hydrogène est remplacé par un radical oxhydrile, OH.

Ces diverses interprétations de la formule du méthanol ne sont pas contradictoires ; elles éclairent l'étude des réactions diverses de ce composé.

149. Alcool éthylique. — L'*alcool éthylique* ou *éthanol* est un liquide incolore, mobile, d'une odeur spiritueuse, d'une saveur brûlante, qui bout à 78°,3 et se solidifie seulement à — 130°.

Il est plus léger que l'eau ($d_0 = 0,806$) à laquelle il se mélange en toutes proportions.

L'alcool est un dissolvant des corps gras, des résines, d'un grand nombre de matières organiques et de certains sels minéraux, du sel de cuisine par exemple.

Il brûle avec une flamme pâle et chaude en donnant du gaz carbonique et de l'eau

$$C^2H^6O + 6\,O = 2\,CO^2 + 3\,H^2O.$$

Avec le sodium, l'alcool donne de l'hydrogène et de l'alcool sodé

$$CH^3 - CH^2.OH + Na = CH^3 - CH^2.ONa + H ;$$

pour la même raison que tout à l'heure, nous écrivons donc la formule de l'alcool C²H⁶.OH ou CH³ - CH².OH mettant ainsi en évidence le radical *éthyle* (CH³ - CH⁴) et l'atome d'hydrogène remplaçable par du sodium.

L'alcool mis à froid en présence d'acide sulfurique concentré, donne de *l'acide éthylsulfurique* ou sulfate acide d'éthyle :

$$SO^4H^2 + C^2H^5.OH = H^2O + SO^4H.C^2H^5.$$

Mis en digestion prolongée avec du gaz chlorhydrique, il donne du chlorure d'éthyle ou éthane monochloré et de l'eau

$$C^2H^5.OH + HCl = H^2O + C^2H^5Cl.$$

L'éthanol résulte donc de l'éthane en remplaçant un atome d'hydrogène par un oxhydrile. L'éthanol est à l'éthane ce que le méthanol est au méthane.

En résumé, l'alcool éthylique a les mêmes caractères chimiques que l'alcool méthylique dont il est l'homogène supérieur.

150. Fonction alcool. — Les propriétés chimiques communes au méthanol et à l'éthanol caractérisent la fonction alcool. La plus importante de ces propriétés consiste en ce que les alcools donnent avec les acides des *éthers-sels* formés par élimination d'eau.

Ainsi l'alcool éthylique, avons-nous dit (cours de Première) donne avec l'acide acétique de l'acétate d'éthyle et de l'eau :

$$C^2H^5.OH + CH^3.CO^2H = CH^3.CO^2.C^2H^5 + H^2O.$$

Nous reviendrons plus loin sur les éthers-sels.

Les alcools donnent des produits d'oxydation très importants qui sont les aldéhydes, les cétones, et les acides organiques. Nous serons conduits à distinguer plusieurs sortes d'alcools : primaires, secondaires et tertiaires.

Pour le moment nous avons en vue d'établir la formule de constitution et la synthèse des alcools par filiation avec les carbures d'hydrogène.

151. Alcools primaires, secondaires et tertiaires. Groupements fonctionnels. — Le dérivé iodé d'un carbure saturé, l'iodure de méthyle CH^3I par exemple, traité par l'oxyde d'argent précipité humide, donne de l'iodure d'argent et de l'alcool méthylique.

L'oxyde d'argent, Ag^2O, humide se comporte comme un hydrate d'argent, $AgOH$. Nous écrivons donc la réaction

$$CH^3I + AgOH = AgI + CH^3.OH.$$

En d'autres termes, l'iode monovalent a été remplacé par un oxhydrile, $-OH$, monovalent. Ceci établit la formule de constitution de l'alcool méthylique

$$H - \overset{\displaystyle H}{\underset{\displaystyle H}{C}} - O - H \qquad \text{ou} \qquad CH^3.OH.$$

A chaque dérivé iodé d'un carbure saturé correspond donc un alcool : à l'iodure d'éthyle, $CH^3 - CH^2I$, l'alcool éthylique, $CH^3 - CH^2.OH$; aux deux iodures de propyle primaire et secondaire

$$CH^3 - CH^2 - CH^2I \quad \text{et} \quad CH^3 - CHI - CH^3,$$

deux alcools propyliques

$$CH^3 - CH^2 - CH^2.OH \quad \text{et} \quad CH^3 - CH.OH - CH^3$$

primaire et *secondaire*, caractérisés l'un par le *groupement fonctionnel monovalent* $-CH^2OH$, l'autre par le *groupement fonctionnel divalent* $-CH.OH-$.

Enfin l'iodure de butyle tertiaire, $(CH^3)^3CI$, donnera un alcool butylique *tertiaire* $(CH^3)^3 \equiv C.OH$. Le groupement fonctionnel trivalent $\equiv C.OH$ est caractéristique des alcools tertiaires.

Nous verrons que ces trois séries d'alcools donnent des produits d'oxydation différents, et nous justifierons par de nouveaux faits les formules adoptées ici.

A chaque fonction correspond un certain groupement fonctionnel.

Tout corps qui possède les caractères d'un *alcool primaire* peut être représenté par une formule développée renfermant le groupement fonctionnel $CH^2.OH$.

Réciproquement, si on est conduit à donner à un corps une formule développée renfermant le groupement $-CH^2.OH$, on retrouve dans ce corps les caractères de la fonction alcool primaire.

De même, la double liaison $\diagdown C = C \diagdown$ marque le groupement fonctionnel caractéristique des corps à fonction éthylénique et la liaison $-C \equiv C-$ caractérise les corps à fonction acétylénique.

152. — Synthèse de l'alcool éthylique. — Les procédés de formation exposés plus haut sont des modes synthétiques, puisque nous avons réalisé la synthèse du méthane et de ses homologues.

Mais il est plus simple de partir de l'éthylène pour faire la synthèse de l'alcool.

Nous savons que l'éthylène est absorbé lentement par agitation prolonége avec de l'acide sulfurique concentré et froid, en présence de mercure, avec formation d'un produit d'addition, l'acide éthylsulfurique, $SO^4H.C^2H^5$:

$$C^2H^4 + SO^4H^2 = SO^4H.C^2H^5.$$

Celui-ci reste dissous dans l'excès d'acide sulfurique ; si on chauffait la masse au-dessus de 160°, on aurait de l'éthylène

$$SO^4H.C^2H^5 = SO^4H^2 + C^2H^4 ;$$

mais un excès d'eau décompose l'acide éthylsulfurique en acide sulfurique et alcool,

$$SO^4H.C^2H^5 + H^2O = SO^4H^2 + C^2H^5.OH,$$

que l'on peut séparer par distillation.

Remarquons d'ailleurs que l'on peut absorber l'éthylène par une solution concentrée d'acide iodhydrique, obtenir ainsi l'iodure d'éthyle, $CH^3-CH^2.I$, et passer de l'iodure d'éthyle à l'alcool, au moyen de l'oxyde d'argent humide, comme il a été dit précédemment :

$$CH^3-CH^2I + AgOH = CH^3-CH^2OH + AgI.$$

153. Alcoolates. — Nous sommes ainsi conduits à admettre que les alcools renferment un oxhydrile, dont l'hydrogène est lié au carbone par l'intermédiaire de l'oxygène.

Cet hydrogène fonctionnel possède des propriétés spéciales ; en particulier il peut être remplacé par des métaux alcalins avec formation *d'alcoolates.*

Ainsi l'alcool éthylique donne avec le sodium de l'éthylate de sodium et un dégagement d'hydrogène :

$$C^2H^5.OH + Na = C^2H^5.ONa + H.$$

Ces alcoolates ne sont pas des sels ; ils sont décomposés par l'eau en soude caustique et alcool :

$$C^2H^5.ONa + H^2O = NaOH + C^2H^5.OH.$$

Toutefois la réaction paraît incomplète au moins en présence d'un grand excès d'alcool. Il semble en effet que les solutions alcooliques de potasse et de soude caustiques contiennent des alcoolates, car leurs propriétés ne sont pas les mêmes que celles des solutions aqueuses de ces mêmes alcalis.

Elles nous ont permis par exemple de passer du bromure d'éthyle, $CH^3 - CH^2Br$, à l'éthylène, $CH^2 = CH^2$, par soustraction de HBr ; tandis que la potasse aqueuse nous eût fourni l'alcool. $CH^3 - CH^2.OH$, par substitution d'un oxhydrile au brome.

154. Relation entre les alcools et les carbures éthyléniques. — Issus des carbures éthyléniques, les alcools permettent de reproduire ces carbures ; chauffés avec des substances avides d'eau comme l'acide sulfurique, ils perdent une molécule d'eau ; ainsi l'alcool *éthylique* donne *l'éthylène.*

De même, l'alcool propylique primaire, $CH^3 - CH^2 - CH^2OH$, perd H^2O quand on le chauffe avec l'acide sulfurique et donne le propylène, $CH^3 - CH = CH^2$.

Celui-ci, traité par l'acide iodhydrique en solution concentrée, donne l'iodure de propyle secondaire, $CH^3 - CHI - CH^3$; d'où l'on dérive, par l'oxyde d'argent humide, l'alcool propylique secondaire, $CH^3 - CH.OH - CH^3$.

Ainsi les divers carbures éthyléniques peuvent comme l'éthylène subir une hydratation indirecte et donner des alcools, qui sont des alcools secondaires, excepté l'alcool ordinaire.

CHAPITRE XVI

ÉTHERS-OXYDES

155. Éthers-oxydes. — Modes de formation. — Mettons du chlorure d'éthyle, CH^3-CH^2Cl, et de l'éthylate de sodium, CH^3-CH^2ONa, en présence, tous deux étant dissous dans l'alcool absolu ; le chlore et le sodium vont se combiner pour donner du chlorure de sodium, de sorte que les deux radicaux éthyle vont se trouver reliés par un atome d'oxygène :

$$\left. \begin{array}{l} CH^3-CH^2\cdots O-Na \\ CH^3-CH^2.Cl \end{array} \right\} = NaCl + \begin{array}{l} CH^3-CH^2 \\ CH^3-CH^2 \end{array} \Big> O.$$

On obtient ainsi l'*oxyde d'éthyle*, $C^4H^{10}O$ ou $(C^2H^5)^2O$.

Le procédé même de synthèse de ce corps suffit à nous éclairer sur sa constitution et à justifier le nom que nous lui avons donné.

Remarquons en outre, et c'est là une propriété générale des alcools, que l'oxyde d'éthyle peut être regardé comme dérivant de deux molécules d'alcool par perte d'une molécule d'eau :

$$\begin{array}{l} C^2H^5.OH \\ C^2H^5.OH \end{array} - H^2O = \begin{array}{l} C^2H^5 \\ C^2H^5 \end{array} \Big> O,$$

Si nous reprenons maintenant l'analogie de constitution de l'alcool et de la soude (cours de Première), analogie qui résulte de la formation des éthers-sels, nous dirons que l'alcool, $C^2H^5.OH$, est à l'oxyde d'éthyle, $(C^2H^5)^2O$, ce que la soude, $NaOH$, est à l'oxyde de sodium, Na^2O.

Mais la soude et l'oxyde de sodium dérivent de l'eau en remplaçant H par Na, 2H par 2Na.

L'alcool ou hydrate d'éthyle et l'oxyde d'éthyle dérivent de l'eau par substitution de C^2H^5 à H et de $2(C^2H^5)$ à 2H.

On peut, dans l'eau, remplacer 2H par deux radicaux identiques ou par deux radicaux différents. Faisons réagir par exemple du chlorure d'éthyle et du méthylate de sodium, nous aurons la réaction

$$CH^3.ONa + C^2H^5Cl = NaCl + CH^3 - O - C^2H^5,$$

et nous obtiendrons un oxyde double de méthyle et d'éthyle, c'est ce qu'on appelle un *éther-mixte*.

156. Éther ordinaire. — Le plus important des éthers-oxydes est l'*oxyde d'éthyle*, ou éther ordinaire des pharmaciens. Ce corps s'obtient en traitant l'alcool ordinaire par l'acide sulfurique. On mélange doucement dans un ballon entouré d'eau froide 12 parties d'alcool à 90° avec 200 parties d'acide sulfurique. On abandonne le mélange à lui-même, il se forme de l'acide éthylsulfurique :

$$C^2H^5 OH + SO^4H^2 = H^2O + SO^4H.C^2H^5.$$

La réaction est d'ailleurs incomplète.

Ensuite on ferme le ballon avec un bouchon muni : 1° d'un thermomètre, 2° d'un tube par où arrivera peu à peu de l'alcool, 3° d'un tube de dégagement communiquant avec un réfrigérant, c'est-à-dire avec un long tube incliné entouré d'un manchon dans lequel circule de l'eau froide.

On chauffe entre 140° et 160° au bain de sable et dès que l'éther commence à distiller on le recueille dans un flacon. En même temps on remplace l'éther dans le ballon par une arrivée lente et continue d'alcool.

L'alcool et l'acide éthylsulfurique donnent de l'acide sulfurique et de l'éther

$$C^2H^5.OH + SO^4H.C^2H^5 = SO^4H^2 + (C^2H^5)^2O$$

Mais l'acide sulfurique mis en liberté redonne avec l'alcool de l'acide éthylsulfurique ; la réaction se poursuit ainsi indéfiniment puisque l'équilibre entre l'alcool, l'acide sulfurique, l'éther et l'eau est incessamment rompu par la volatilisation de l'éther qui entraine de l'eau et aussi de l'alcool.

Ainsi une dose limitée d'acide sulfurique, agissant comme catalyseur transforme en éther une quantité illimitée d'alcool (Williamson).

L'éther qui passe à la distillation devra donc être lavé

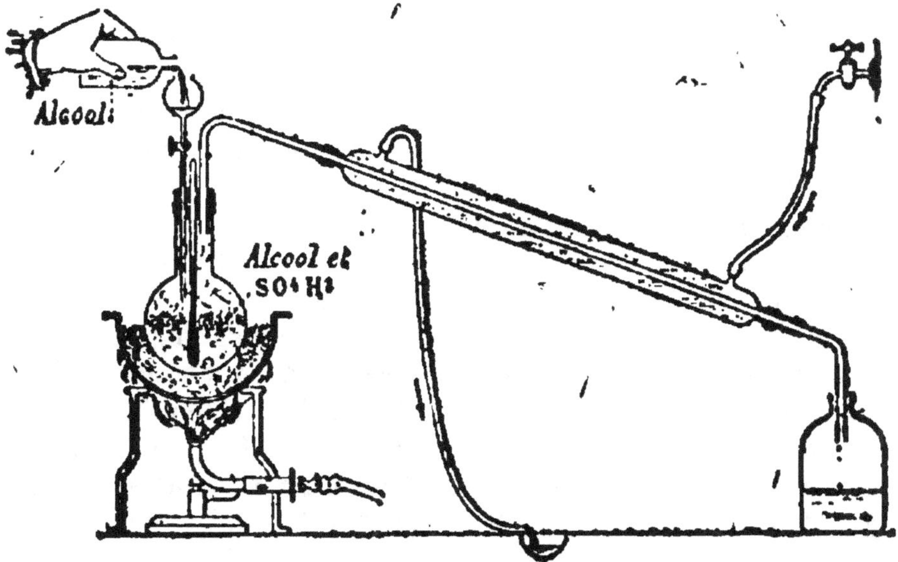

Fig. 39. — Préparation de l'éther sulfurique.

avec un peu d'eau pour enlever l'alcool, rectifié, puis séché sur de la chaux vive, ou mieux sur du sodium ; une deuxième rectification le donnera tout à fait pur.

L'éther est un liquide incolore, très mobile, plus léger que l'eau ($d = 0,73$,), avec laquelle il ne se mélange pas en toutes proportions ; l'eau en dissout $\frac{1}{10}$, et l'éther qui surnage retient de l'eau ; de sorte que les deux substances se partagent en deux phases liquides, eau saturée d'éther, et éther saturé d'eau. Si maintenant on ajoutait de l'alcool, il se partagerait entre les deux couches parce que l'alcool est miscible en toutes proportions à l'eau et à l'éther, il arriverait même un moment où le mélange deviendrait homogène.

L'éther est un dissolvant à l'égard des corps gras, des résines ; il est très fréquemment employé dans l'analyse immédiate.

Il ne se solidifie qu'à — 117° et il est très volatil ; il bout à 35° et sa volatilisation produit un abaissement de température bien marqué ; il suffit d'en verser quelques gouttes sur la main, pour observer une sensation de froid.

On l'emploie souvent pour diluer certains mélanges et modérer certaines réactions, parce que tant qu'il y a de l'éther en présence la température ne peut s'élever, la volatilisation de l'éther absorbant la chaleur dégagée par la réaction.

L'éther est employé comme anesthésique, mais il est d'un maniement dangereux parce qu'il est à la fois volatil et inflammable ; il ne faut jamais abandonner un flacon d'éther, même bouché, à proximité d'une flamme.

La stabilité chimique de l'éther est remarquable ; seuls les agents énergiques peuvent dédoubler ce corps ; ainsi l'acide sulfurique concentré donne avec l'éther de l'acide éthylsulfurique d'où on peut repasser à l'alcool. Toutefois l'éther se déshydrate en passant sur de l'alumine précipitée, lavée, séchée et maintenue vers 350°, servant de catalyseur.

On prépare ainsi très commodément l'éthylène :

$$(C^2H^5)^2O - 2H^2O = 2C^2H^4.$$

Les agents énergiques d'oxydation donnent avec l'éther les mêmes produits d'oxydation qu'avec l'alcool, c'est-à-dire de l'aldéhyde ou de l'acide acétique.

CHAPITRE XVII

ALDÉHYDES. — CÉTONES

157. Oxydation des alcools. — Les alcools brûlent à l'air en donnant du gaz carbonique et de l'eau. Ainsi l'alcool méthylique donne

$$H.CH^2OH + 3O = CO^2 + 2H^2O.$$

On peut aussi soumettre les alcools primaires et secondaires à une oxydation ménagée, en faisant passer leurs vapeurs mélangées d'air sur une substance catalytique, mousse de platine, cuivre ou nickel réduits.

158. Méthanal ou formol. — Il se fait ainsi divers produits d'oxydation, tout d'abord des aldéhydes dans le cas des alcools primaires, des cétones dans le cas des alcools secondaires.

Dans le cas de l'alcool méthylique ou méthanol, l'oxydation réussit même en dirigeant le mélange d'air et d'alcool sur du coke chauffé :

$$H.CH^2OH + O = H.CHO + H^2O.$$

Cela donne l'aldéhyde formique ou *méthanal*, plus connu sous le nom de *formol*. C'est un gaz liquéfiable à —21°, qui se polymérise peu à peu en un corps solide blanc $(CH^2O)^3$, le trioxyméthylène.

Ce dernier corps chauffé reproduit le méthanal.

Ces corps et leurs solutions dans l'eau sont très employés comme antiseptiques.

159. Aldéhyde acétique ou éthanal. — On peut montrer très simplement la formation de l'aldéhyde dans la combustion lente de l'alcool. Il suffit de placer au fond d'un verre un peu d'alcool ou mieux d'éther. Au moyen d'une baguette de verre on suspend au-dessus et à quelque distance du liquide une hélice de platine rougie au feu. Celle-ci reste rouge sombre par suite de la chaleur que dégage la combustion et on sent nettement l'odeur de l'aldéhyde.

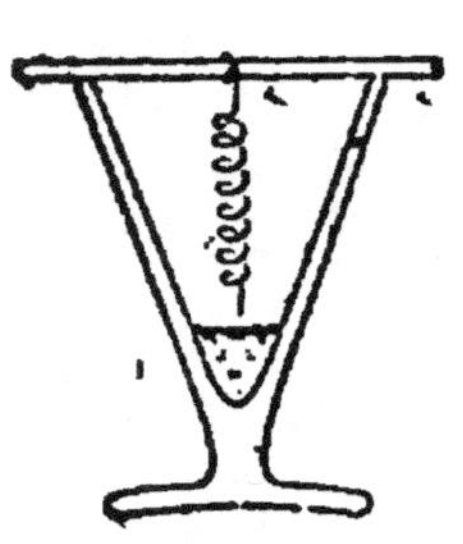

Fig. 41. — Lampe sans flamme.

On prépare régulièrement ce composé en oxydant l'alcool au moyen d'un mélange d'acide sulfurique et de bichromate de potassium.

Le bichromate de potassium est un oxydant parce que, sel de l'anhydride chromique, CrO^3, il donne, en présence

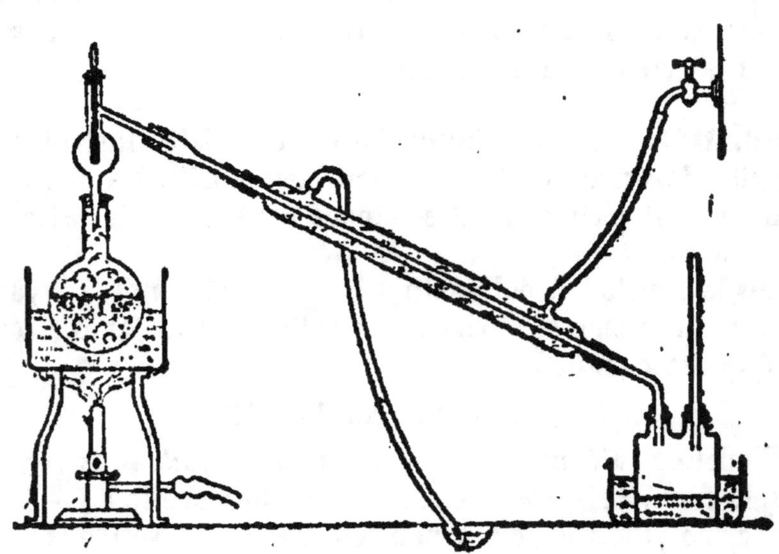

Fig. 41. — Préparation de l'aldéhyde.

des réducteurs et de l'acide sulfurique, un sel du sesquioxyde de chrome, Cr^2O^3; de telle sorte que son pouvoir oxydant s'exerce suivant la formule schématique

$$2CrO^3 = Cr^2O^3 + 3O.$$

C'est l'oxygène naissant qui oxyde l'alcool.

A 3 p. de bichromate de potassium bien pulvérisé additionnées de 12 p. d'eau, on ajoute doucement, en remuant et en refroidissant, un mélange refroidi à l'avance de 4 p. d'acide sulfurique avec 3 p. d'alcool à 90°.

Le mélange étant placé dans un ballon, on chauffe doucement; l'aldéhyde se dégage mêlé de vapeur d'eau, d'alcool, etc. On condense au moyen d'un réfrigérant parcouru par de l'eau bien froide dans un flacon refroidi également.

L'aldéhyde ainsi obtenu est très impur. On le purifie en le mettant en solution dans l'éther, desséchant sur du chlorure de calcium et faisant passer un courant de gaz ammoniac dans la solution. Il se sépare une combinaison que l'on appelle, à tort, de l'aldéhydate d'ammoniaque et qui, traitée par l'acide sulfurique étendu, régénère l'aldéhyde pur.

160. Propriétés générales des aldéhydes. — Les aldéhydes sont plus volatils que les alcools d'où ils dérivent par oxydation; ainsi, tandis que le méthanol bout à 66° et l'éthanol à 78°, le méthanal est un gaz liquéfiable à —21° et l'éthanal bout à +21°.

Ce sont des liquides d'odeur irritante, solubles dans l'eau, l'alcool et l'éther.

Les aldéhydes résultent de l'oxydation des alcools par soustraction de deux atomes d'hydrogène; ce sont des *alcools déshydrogénés*; c'est ainsi que leur nom a été formé.

Seuls les alcools primaires renferment le groupement fonctionnel $-CH^2OH$ et peuvent donner par oxydation des aldéhydes. On est conduit à penser que c'est ce groupement fonctionnel qui perd par oxydation deux atomes d'hydrogène en formant un nouveau groupement fonctionnel $-CHO$ et une nouvelle fonction, la *fonction aldéhyde*.

Il est vraisemblable que l'oxydation a porté tout d'abord

sur un H du groupement fonctionnel - CH²(OH) en donnant - CH(OH)². Celui-ci perd spontanément H²O et donne finalement le groupement fonctionnel - CH = O, caractéristique des aldéhydes.

La formule développée de l'éthanal est donc

$$CH^3 - CH = O.$$

Inversement, des aldéhydes on peut repasser aux alcools, par fixation de deux atomes d'hydrogène.

On peut faire passer le mélange d'hydrogène et d'aldéhyde sur du nickel réduit, chauffé vers 140°; on peut aussi mettre l'aldéhyde en solution dans l'eau en présence d'amalgame de sodium. L'hydrogène naissant se fixe en grande partie sur l'aldéhyde; on a la réaction

$$CH^3 - CHO + H^2 = CH^3 - CH^2.OH.$$
$$\text{éthanal} \qquad\qquad \text{éthanol}$$

L'éthanol est en somme un produit d'addition de l'éthanal. Les aldéhydes ont donc jusqu'à un certain point un caractère non saturé et de fait ils donnent des produits d'addition, notamment avec les bisulfites alcalins. On obtient avec ces derniers et les aldéhydes, des produits bien cristallisés qui interviennent dans la purification de certains aldéhydes, notamment dans l'extraction des parfums naturels.

161. Caractère réducteur des aldéhydes. — L'hydrogène fonctionnel de l'aldéhyde peut être très facilement oxydé à son tour et remplacé par un oxhydrile; on aura alors le groupement fonctionnel acide - CO(OH). C'est ainsi que l'on passe successivement de l'*éthanol*,

$$CH^3 - CH^2(OH),$$

à l'*éthanal*, $CH^3 - CHO$ et à l'acide *éthanoïque* ou *acétique*,

$$CH^3 - CO(OH).$$

Les aldéhydes sont en effet des réducteurs. Ils réduisent par exemple l'azotate d'argent ammoniacal; c'est ainsi que le glucose (Voir cours de Première) nous a servi à faire l'argenture du verre. On pourrait faire l'expérience avec un aldéhyde quelconque en chauffant celui-ci au bain-marie, après l'avoir mêlé à de l'azotate d'argent ammoniacal dans un tube à essai ou un petit ballon.

Les aldéhydes réduisent de même et décolorent la *liqueur de Fehling* en précipitant l'oxydule de cuivre, Cu_2O, qui est rouge.

En résumé les aldéhydes sont des produits intermédiaires dans le passage des alcools primaires aux acides par oxydation.

Fig. 12. — Argenture.

162. Cétones. — Acétone. — Les alcools secondaires soumis, comme les aldéhydes, à une oxydation ménagée, peuvent perdre 2H et donner des cétones, par transformation du groupement fonctionnel $-CH(OH)-$, en un nouveau groupement $-CO-$.

Ainsi l'alcool propylique secondaire, $CH^3 - CH(OH) - CH^3$, donne l'*acétone*, ou cétone propylique ou encore propanone, $CH^3 - CO - CH^3$.

L'acétone s'extrait d'ailleurs régulièrement des produits de la distillation du bois. On l'obtient aussi par décomposition de l'acétate de calcium ; c'est là une méthode générale que nous allons retrouver au paragraphe suivant.

L'acétone est un liquide d'une odeur particulière, qui bout à 56°,3, plus léger que l'eau à laquelle il est miscible ; l'acétone est un dissolvant des matières organiques et qui intervient comme tel vis-à-vis des celluloses nitrées employées comme poudres sans fumée.

Produits de déshydrogénation des alcools secondaires, les cétones peuvent inversement fixer 2H et redonner les alcools primitifs :

$$CH^3 - CO - CH^3 + H^2 = CH^3 - CH(OH) - CH^3.$$

acétone   alcool isopropylique

On peut faire agir à cet effet l'hydrogène naissant dégagé d
l'amalgame de sodium ; mais pour éviter des actions secondaires, il est plus simple d'entraîner le mélange de cétone et
d'hydrogène sur du nickel réduit.

Les cétones sont donc par là semblables aux aldéhydes. Par
contre, les cétones ne réduisent pas l'azotate d'argent ammoniacal.

Cependant des oxydants plus puissants, tels que l'acide
azotique, oxydent bien les cétones ; mais il y a alors dislo-
cation de la molécule ; ainsi l'acétone donne, par oxydation,
de l'acide acétique et de l'acide formique :

$$CH^3 - CO - CH^3 + 3O = CH^3 - CO^2H + H - CO^2H.$$

acétone   acide   acide
acétique   formique

CHAPITRE XVIII

ACIDES

---

163. Acides. — Acide acétique. — Les acides organiques résultent de l'oxydation des alcools primaires. Ainsi l'acide acétique ou éthanoïque prend naissance dans l'oxydation de l'alcool éthylique ou éthanol aux dépens de l'air, oxydation provoquée par un ferment, le ferment acétique ou *mycoderma aceti* (Voir cours de Première).

La réaction

$$CH^3 - CH^2OH + 2O = CH^3 - CO^2H + H^2O$$

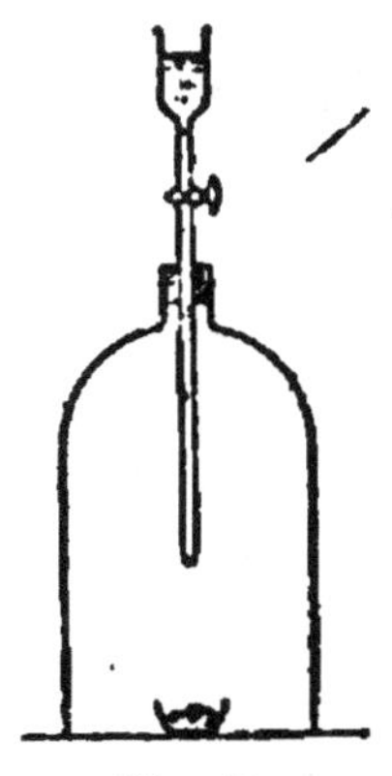

Fig. 43.

deviendra une synthèse si nous remplaçons le ferment par un catalyseur, le noir de platine par exemple.

Sous une cloche pleine d'air repose une capsule contenant du noir de platine et d'un entonnoir à robinet, de l'alcool tombe goutte à goutte. Il se transforme à l'air, au contact du noir de platine, en éthanal et en acide éthanoïque ou acétique.

Ainsi l'*éthanol*, l'*éthanal* et l'*acide éthanoïque* nous apparaissent comme les termes successifs de l'oxydation d'un même groupement CH^3 de l'éthane.

On peut écrire :

$CH^3 - CH^3$	éthane
$CH^3 - CH^2(OH)$	éthanol
$CH^3 - CHO$	éthanal
$CH^3 - CO(OH)$	éthanoïque (acide).

Le groupement fonctionnel $-CO.OH$ caractérise la fonction acide. Nombreux sont les acides organiques, homologues de l'acide acétique et représentés par la formule générale $C^nH^{2n}O^2$. Il suffira de rappeler que les plus importants d'entre eux, les acides butyrique, $C^4H^8O^2$, laurique, $C^{12}H^{24}O^2$, palmitique, $C^{16}H^{32}O^2$, stéarique, $C^{18}H^{36}O^2$, etc., sont unis à la glycérine dans les corps gras naturels.

L'acide acétique, CH^3-CO^2H, n'est pas le premier terme de la série homologue; ce rang appartient à l'acide formique ou méthanoïque, $H-CO^2H$. Mais, dans cet acide, la présence d'un hydrogène lié au carbone (le quatrième hydrogène du méthane) entraîne des propriétés réductrices spéciales avec tendance à former de l'acide carbonique, CO^3H^2 [1].

C'est pour cette raison que l'on a pris pour type de la série l'acide acétique.

164. Propriétés générales des acides organiques.

— Les premiers termes, les acides acétique et butyrique par exemple, sont liquides à 20° et solubles dans l'eau; les termes supérieurs, les acides palmitique et stéarique par exemple, sont solides et insolubles dans l'eau.

Les solutions des acides organiques sont des *électrolytes*; sous l'action d'un courant électrique, ils donnent de l'hydrogène; mais le radical uni à l'hydrogène éprouve des réactions secondaires aboutissant à la formation de gaz carbonique et d'un carbure saturé; ainsi dans le cas de l'acide acétique deux groupes méthyle se soudent en une molécule d'éthane.

On peut écrire :

$$2CH^3-CO^2.H = H^2 + 2CO^2 + CH^3-CH^3.$$

Les solutions aqueuses des acides solubles rougissent le

---

[1] En fait on ne connaît pas l'acide carbonique mais seulement des sels, les carbonates, et l'anhydride, CO^2.

papier de tournesol bleu et déplacent l'acide carbonique des carbonates.

Elles peuvent même réagir sur la poudre de zinc et donner un dégagement d'hydrogène :

$$2CH^3 - CO^2.H + Zn = (CH^3 - CO^2)^2Zn + H^2.$$
ac. acétique   acétate de zinc

Tous les acides se combinent avec les alcalis et avec les oxydes basiques en donnant des *sels* et de l'eau. On a par exemple la réaction

$$C^{15}H^{31}.CO^2H + NaOH = C^{15}H^{31}.CO^2Na + H^2O$$
ac. palmitique   palmitate de sodium

$$2\ C^{17}H^{35}.CO^2H + PbO = (C^{17}H^{35}.CO^2)^2Pb + H^2O.$$
acide stéarique   litharge   stéarate de plomb

Ce sont là des propriétés communes aux acides organiques et aux acides minéraux.

D'autres propriétés sont spéciales aux acides organiques : ainsi l'hydrogène naissant permet de repasser aux aldéhydes et aux alcools: de l'acide acétique, par exemple, à l'éthanal et à l'éthanol :

$$CH^3 - CO^2H + H^2 = CH^3 - CHO + H^2O$$
$$CH^3 - CO^2H + 2H^2 = CH^3 - CH^2OH + H^2O.$$

Les acides, chauffés au rouge, surtout en présence des catalyseurs, ont une tendance à perdre CO^2 ; ainsi l'acide acétique ou éthanoïque donne du méthane, l'acide propanoïque de l'éthane, et ainsi de suite :

$$CH^3 - CO^2H = CO^2 + CH^4,$$
$$CH^3 - CH^2 - CO^2H = CO^2 + CH^3 - CH^3 ;$$

la réaction s'effectue plus régulièrement en présence de la chaux sodée qui fixe CO^2. C'est la préparation même du méthane, de l'éthane et plus généralement des carbures saturés.

Mais si on remplace la chaux sodée par de la baryte, la réaction est un peu plus compliquée ; il y a perte de CO^2 pour deux molécules d'acide.

Ainsi avec l'acétate de baryum on a la réaction

$$
\begin{array}{c}
CH^3 - CO^2 \\
CH^3 - CO^2
\end{array} \Big\rangle Ba = CO^3Ba + \underset{\substack{| \\ CH^3 \\ \text{acétone}}}{\overset{\substack{CH^3 \\ |}}{CO}}
$$

acétate de baryum

C'est la préparation de l'acétone et plus généralement des cétones.

165. Dérivés chlorés des aldéhydes et des acides. — Revenons à l'aldéhyde acétique, $CH^3\text{-}CHO$, et traitons-le, avec précaution, par le chlore. Celui-ci peut se substituer aux hydrogènes du groupe CH^3, tout comme il se substitue dans l'éthane, et donner des aldéhydes chlorés :

l'aldéhyde monochloré	$CH^2Cl.CHO$,
l'aldéhyde dichloré	$CHCl^2.CHO$,
l'aldéhyde trichloré ou *chloral*	$CCl^3.CHO$.

Les corps ont conservé les caractères des aldéhydes, ils réduisent l'azotate d'argent ammoniacal et donnent en s'oxydant des acides acétiques chlorés :

l'acide monochloracétique	$CH^2Cl.CO^2H$,
l'acide dichloracétique	$CHCl^2.CO^2H$,
l'acide trichloracétique	$CCl^3.CO^2H$.

En outre le chloral donne avec l'eau un *hydrate de chloral*, $CCl^3.CH(OH)^2$, employé comme calmant.

Ainsi la *substitution* de trois atomes de chlore pesant 106,5 à trois atomes d'hydrogène pesant 3 peut surcharger la molécule d'aldéhyde ou d'acide acétique sans en modifier sensiblement les propriétés chimiques. C'est là un fait fondamental en chimie organique (Dumas, 1830) car il montre bien que les caractères chimiques des composés organiques dépendent autant de la disposition des atomes dans la molécule, de la constitution moléculaire, que de la nature chimique des éléments constituants. Peut-on imaginer en effet deux éléments chimiques plus dissemblables que le chlore et l'hydrogène ?

166. Chlorures d'acides. — Tandis que le chlore donne, avec l'éthanal, l'éthanal monochloré, $CH^2Cl\text{-}CHO$, il est possible d'obtenir par voie indirecte un isomère tout différent, le *chlorure* d'acétyle, $CH^3\text{-}COCl$.

Celui-ci est un liquide incolore qui fume à l'air et que l'eau décompose vivement en donnant de l'acide acétique et de l'acide chlorhydrique :

$$CH^3\text{-}COCl + H^2O = HCl + CH^3\text{-}CO.OH.$$

Le chlorure d'acétyle diffère donc de l'acide acétique en ce que OH est remplacé par Cl.

Le chlorure d'acétyle donne avec l'alcool de l'acide chlorhydrique et de l'acétate d'éthyle :

$$CH^3\text{-}COCl + C^2H^5OH = HCl + CH^3\text{-}CO.O.C^2H^5.$$

Enfin si nous faisons agir le chlorure d'acétyle sur l'acétate de sodium sec :

$$CH^3\text{-}CO.Cl + CH^3\text{-}CO.ONa = NaCl + (CH^3\text{-}CO)^2O,$$

nous obtenons du chlorure de sodium et de l'oxyde d'acétyle ou *anhydride acétique*

$$\begin{matrix} CH^3 - CO \\ CH^3 - CO \end{matrix} \Big> O$$

par une réaction parallèle à celle qui nous a donné l'oxyde d'éthyle à partir du bromure d'éthyle et de l'éthylate de sodium.

167. Anhydrides. Anhydride acétique. — L'anhydride acétique s'obtient encore en ajoutant peu à peu à de l'acide acétique de l'anhydride phosphorique. Le mélange étant fait, on distille doucement : l'anhydride phosphorique retient l'eau et l'anhydride acétique passe :

$$2CH^3\text{-}CO^2H - H^2O = (CH^3\text{-}CO)^2O.$$

Cette équation justifie bien le nom *d'anhydride*. L'anhydride acétique dérive de deux molécules d'acide acétique par la perte d'une molécule d'eau.

C'est un liquide d'odeur piquante, bouillant à 138°; il se dissout rapidement dans l'eau et se transforme peu à peu en acide acétique. Il agit également sur l'alcool et donne de l'acétate d'éthyle et de l'eau :

$$(CH^3 - CO)^2O + 2C^4H^5OH = 2CH^3 - CO^4.C^4H^5 + H^2O.$$

On doit le conserver, ainsi que le chlorure d'acétyle, dans des flacons bien bouchés.

Si au lieu de faire réagir le chlorure d'acétyle sur l'acétate de sodium sec, on chauffe un chlorure d'acide quelconque avec le sel de sodium d'un autre acide organique, on obtiendra un *anhydride mixte*.

D'ailleurs les transformations successives que nous venons d'exposer paraîtraient par elles-mêmes d'un médiocre intérêt si on ne voyait pas tout ce que ces mécanismes ont de général. Nous nous contentons d'en indiquer le principe, de l'appliquer à des composés particulièrement simples, sans pénétrer dans les familles même des composés dont la notion d'homologie nous fait entrevoir les complications indéfinies et le nombre immense.

CHAPITRE XIX

ÉTHERS-SELS.

168. Éthers-sels. — Les acides, aussi bien les acides minéraux que les acides organiques, donnent avec les alcools des éthers-sels.

Ainsi l'alcool mis en digestion avec du gaz chlorhydrique donne du *chlorure d'éthyle* ou éthane monochloré et de l'eau :

$$C^2H^5.OH + HCl = C^2H^5.Cl + H^2O.$$

Avec l'acide sulfurique concentré, on obtient de l'acide éthylsulfurique :

$$C^2H^5.OH + SO^4H^2 = SO^4H.C^2H^5 + H^2O ;$$

en réalité, ce composé reste dissous dans l'excès d'acide sulfurique et on ne peut songer à l'en retirer par distillation, car on aurait alors de l'éther ordinaire, ou même de l'éthylène.

Mais si on étend avec de l'eau froide, et que l'on neutralise la liqueur, on peut séparer du sulfate de potassium en excès un autre sel bien cristallisé, l'éthylsulfate de potassium, $SO^4K.C^2H^5$. Celui-ci est à la fois un sel de potassium et un éther-sel de l'acide sulfurique.

De même, l'acide acétique donne avec l'alcool de l'acétat d'éthyle et de l'eau :

$$CH^3.CO^2H + C^2H^5.OH = H^2O + CH^3.CO^2.C^2H^5 ;$$

la réaction est lente et elle est limitée. Inversement, l'eau décompose l'éther acétique en redonnant de l'acide acétique et de l'alcool.

169. Préparation pratique de l'acétate d'éthyle ou éther acétique. — On prépare régulièrement l'éther acétique en distillant le mélange d'acide acétique et d'alcool

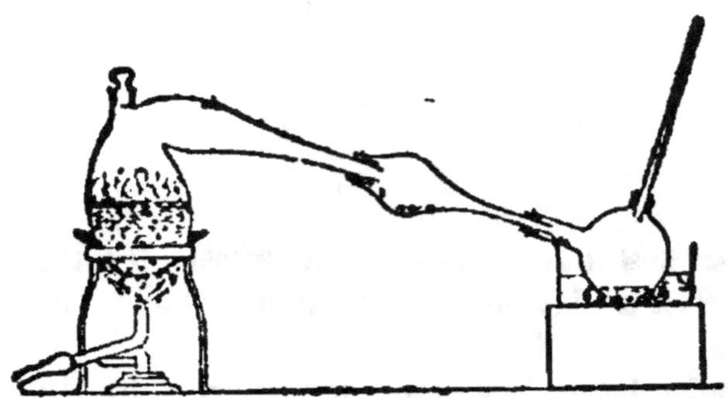

Fig. 44. — Préparation de l'éther acétique.

avec un excès d'acide sulfurique concentré. Celui-ci retient l'eau formée et empêche par conséquent la réaction inverse.

On préfère quelquefois chauffer doucement un mélange d'alcool, d'acétate de sodium et d'acide sulfurique concentré dans une cornue dont le col pénètre dans un ballon refroidi. On agite ensuite l'éther avec de l'eau salée qui dissout l'alcool et l'acide entraînés; on verse le tout dans un entonnoir dont on bouche la douille avec l'index ; l'eau salée se rassemble à la partie inférieure, on la laisse s'écouler et il reste l'éther.

Fig. 45. — Séparation de l'éther.

L'acétate d'éthyle est un liquide incolore, d'une odeur de fruits particulière ; il est peu soluble dans l'eau, mais soluble dans l'alcool.

Une méthode générale de préparation des éthers-sels consiste à traiter un iodure alcoolique par un sel d'argent. En traitant par exemple l'iodure d'éthyle par le sulfate d'argent :

$$2C^2H^5I + SO^4Ag^2 = 2AgI + SO^4.(C^2H^5)^2,$$

on obtiendra le sulfate d'éthyle. Cet éther, *neutre* à la différence de l'acide éthylsulfurique, est un liquide stable que l'on peut distiller, il bout à 208°; l'eau le décompose lentement.

On obtiendrait de même l'acétate **d'éthyle** par l'action de l'iodure d'éthyle sur l'acétate d'argent :

$$C^2H^5I + CH^3 - CO^2Ag = AgI + CH^3 - CO^2 - C^2H^5.$$

Ces réactions sont des doubles décompositions analogues aux doubles décompositions salines : elles en diffèrent en ce qu'elles sont lentes et souvent incomplètes; mais en tout cas on voit bien que dans le passage de l'acide acétique, $CH^3 - CO^2H$, à l'acétate d'éthyle, $CH^3 - CO^2.C^2H^5$, le radical éthyle a pris la place de l'hydrogène fonctionnel tout comme le potassium dans l'acétate de potassium, $CH^3 - CO^2K$.

Ceci justifie bien le nom d'éthers-sels donnés aux composés que nous étudions.

170. Saponification des éthers-sels. — Les éthers-sels sont généralement des liquides neutres, insolubles ou peu solubles dans l'eau. Leurs solutions ne sont jamais des électrolytes et c'est là une distinction fondamentale d'avec les sels proprement dits.

Cependant les éthers-sels mis en présence de l'eau se décomposent lentement, nous l'avons dit, en redonnant l'alcool et l'acide d'où ils dérivent, *ils s'hydrolysent* :

$$CH^3 - CO^2.C^2H^5 + H^2O = CH^3 - CO^2H + C^2H^5.OH.$$

La solution peut alors devenir acide et électrolyte.

Mais le dédoublement des éthers-sels s'effectue plus régulièrement au moyen des alcalis; on a alors la *saponification* ou dédoublement en alcool et sel alcalin de l'acide.

Ainsi, avec l'éther acétique et la soude on a de l'alcool et de l'acétate de sodium :

$$CH^3 - CO^2.C^2H^5 + NaOH = CH^3 - CO^2Na + C^2H^5.OH.$$

Nous avons considéré surtout l'acétate d'éthyle, résultant de l'union de l'acide en C^2 avec l'alcool même d'où il dérive; mais il est évident que l'on pourrait combiner un acide quelconque avec un alcool quelconque.

Les éthers-sels sont donc en nombre considérable; on les compte par centaines. Certains d'entre eux sont des constituants des essences.

Les *cires* naturelles animales et végétales sont des mélanges des éthers-sels des acides gras supérieurs combinés aux alcools supérieurs. Elles sont généralement solides.

CHAPITRE XX

ALCOOLS A FONCTIONS MULTIPLES
ALCOOLS MULTIPLES

171. Rappel des modes de synthèse des alcools.
— Nous avons obtenu synthétiquement l'alcool en traitant le
bromure ou l'iodure d'éthyle par l'oxyde d'argent humide.
Il est plus pratique d'ailleurs de le traiter d'abord par l'acétate d'argent et de saponifier ensuite l'acétate d'éthyle ainsi
obtenu, par la potasse ; on a alors l'alcool.

Rappelons ces réactions fondamentales à partir de l'éthylène :

$$1° \begin{cases} CH_2 = CH_2 \quad + HI \quad = \quad CH_3 - CH_2I \\ \text{éthylène} \qquad\qquad\qquad \text{iodure d'éthyle} \\ CH_3 - CH_2I \quad + AgOH = AgI + CH_3 - CH_2.OH \\ \text{iodure d'éthyle} \qquad\qquad\qquad\qquad \text{alcool} \end{cases}$$

$$2° \begin{cases} C_2H_5I \qquad + CH_3 - CO_2Ag = AgI + CH_3 - CO_2.C_2H_5 \\ \text{iodure d'éthyle} \quad \text{acétate d'argent} \qquad\qquad \text{acétate d'éthyle} \\ CH_3 - CO_2.C_2H_5 \quad + KOH = CH_3 - CO_2K + C_2H_5.OH \\ \text{acétate d'éthyle} \qquad\qquad \text{acétate de K} \quad \text{alcool} \end{cases}$$

172. Glycol. — Partons encore de l'éthylène et faisons
agir le brome ; nous obtenons ainsi le bromure d'éthylène,
$CH_2.Br - CH_2.Br$.

Celui-ci, traité successivement par l'acétate d'argent et par
l'eau de baryte, donnera lieu aux réactions ci-après :

$$\begin{matrix} CH_2Br & & & CH_2 - CO_2.CH_3 \\ | & + 2.CH_3 - CO_2Ag = 2AgBr + & | \\ CH_2Br & \text{acétate d'argent} & & CH_2 - CO_2.CH_3 \\ \text{bromure} & & & \text{éther diacétique} \\ \text{d'éthylène} & & & \text{du glycol} \end{matrix}$$

$$\begin{matrix} CH_2 - CO_2.CH_3 & & & CH_2.OH \\ | & + Ba(OH)_2 = (CH_3 - CO_2)_2Ba + & | \\ CH_2 - CO_2.CH_3 & \text{acétate de baryum} & & CH_2.OH \\ \text{éther diacétique} & & & \text{glycol} \\ \text{du glycol} \end{matrix}$$

Nous obtenons ainsi un corps nouveau, le *glycol éthylénique* (de Würtz), $CH^2.OH - CH^2.OH$, *deux fois alcool primaire* puisqu'il possède *deux fois* le groupement fonctionnel $- CH^2OH$.

173. Glycérine. Sa préparation synthétique. —

De même, en partant du propylène, $CH^3 - CH = CH^2$, et du bromure de propylène, $CH^3 - CHBr - CH^2Br$, nous aurions le *glycol propylénique* de Würtz, $CH^3 - CH(OH) - CH^2(OH)$.

Mais nous pouvons aussi soumettre le bromure de propylène à l'action prolongée du brome et obtenir un produit de substitution, le bromure de propylène monobromé

$$CH^2Br - CH.Br - CH^2Br$$

qui, traité successivement par l'acétate d'argent et la potasse, nous donnera d'abord un éther triacétique, puis un alcool triple, la *glycérine*.

Nous aurons les réactions suivantes :

$$
\begin{array}{l}
CH^2Br \\
\;\;| \\
CHBr + 3.CH^3 - CO^2Ag = 3AgBr + \\
\;\;| \\
CH^2Br
\end{array}
\qquad
\begin{array}{l}
CH^2.CO^2 - CH^3 \\
\;\;| \\
CH.CO^2 - CH^3 \\
\;\;| \\
CH^2.CO^2 - CH^3 \\
\text{éther triacétique} \\
\text{de la glycérine}
\end{array}
$$

$$
\begin{array}{l}
CH^2.CO^2 - CH^3 \\
\;\;| \\
CH.CO^2 - CH^3 + 3\;KOH = 3\;CH^3 - CO^2K + \\
\;\;| \\
CH^2.CO^2 - CH^3
\end{array}
\qquad
\begin{array}{l}
CH^2.OH \\
\;\;| \\
CH.OH \\
\;\;| \\
CH^2.OH
\end{array}
$$

Nous avons ainsi effectué la synthèse de la *glycérine*.

174. Caractères généraux des alcools multiples.

— Nous connaissons déjà les principales propriétés de ce corps (Voir cours de Première); insistons seulement ici sur ce que la glycérine est trois fois alcool, tout comme l'acide sulfurique est deux fois acide. Et de même que l'acide sulfurique donne avec la potasse deux sels, le sulfate acide

SO^4KH, et le sulfate neutre de potassium, SO^4K^2; de même que le glycol, $C^2H^4(OH)^2$, donne avec l'acide acétique deux éthers acétiques, savoir : un éther monoacétique, $C^2H^4(OH)(CO^2 - CH^3)$, et un éther diacétique, $C^2H^4(CO^2 - CH^3)^2$; de même la glycérine, $C^3H^5(OH)^3$, donne avec l'acide acétique, et plus généralement avec tous les acides, trois séries d'éthers, savoir : deux monoacétines, $C^3H^5(OH)^2(CO^2 - CH^3)$, ou, en formules développées,

$$
\begin{array}{ccc}
CH^2.CO^2 - CH^3 & & \dot{C}H^2 - OH \\
| & & | \\
CH - OH & \text{et} & CH.CO^2 - CH^3 \\
| & & | \\
CH^2 - OH & & CH^2 - OH
\end{array}
$$

deux diacétines, $C^3H^5(OH).(CO^2 - CH^3)^2$, et une triacétine $C^3H^5.(CO^2 - CH^3)^3$.

Berthelot a pu combiner ainsi une molécule de glycérine successivement avec une, deux et trois molécules des divers acides gras et réaliser la synthèse des principes constitutifs des corps gras naturels.

Nous savons, en effet, que ceux-ci sont des mélanges des éthers formés par la glycérine avec les divers acides gras (Voir cours de Première).

Si nous voulions poursuivre le parallélisme des fonctions multiples chez les acides, les bases et les alcools, nous écririons :

	potasse	$K.OH$
I	acide azotique	$NO^2.OH$
	alcool	$C^2H^5.OH$
	baryte.	$Ba(OH)^2$
II	acide sulfurique	$SO^2(OH)^2$
	glycol	$C^2H^4(OH)^2$
	alumine	$Al(OH)^3$
III	acide phosphorique.	$PO(OH)^3$
	glycérine.	$C^3H^5(OH)^3$

Il existe des composés naturels qui sont quatre, cinq, six et sept fois alcool.

CHAPITRE XXI

PRODUITS D'OXYDATION DES ALCOOLS MULTIPLES

175. Généralités. — Le glycol renferme deux fois le groupement fonctionnel $-CH^2OH$; il est donc deux fois alcool primaire. Il peut dès lors donner par oxydation un acide double, $CO^2H - CO^2H$, *l'acide oxalique*. Nous étudierons plus loin l'acide oxalique ; mais nous laisserons de côté les produits intermédiaires entre le glycol et l'acide oxalique (les aldéhydes par exemple).

La glycérine renferme deux groupements monovalents $-CH^2OH$, et un groupement divalent $-CH.OH-$. Elle est donc deux fois alcool primaire et une fois alcool secondaire. Elle pourra donner par suite de nombreux produits d'oxydation suivant que l'oxydation portera sur tel ou tel groupe alcoolique.

Ainsi faisons agir sur la glycérine exposée à l'air un ferment spécial (la bactérie du sorbose), le groupe secondaire s'oxyde et nous obtenons la dioxyacétone

$$CH^2OH - CO - CH^2OH$$

qui est deux fois alcool primaire et une fois cétone.

Au contraire, en traitant la glycérine avec de l'eau de brome qui est un oxydant (¹), on aura à la fois le corps précédent et de *l'aldéhyde glycérique*, $CH^2OH.CHOH.CHO$.

(¹) On a, en effet, en présence d'un réducteur, la réaction
$$Br^2 + H^2O = 2HBr + O$$

Ici l'oxydation a porté sur un groupe primaire.

On entrevoit dès lors la variété des produits d'oxydation des alcools multiples.

176. Acides multiples. — Acide oxalique. — Le glycol, $CH^2OH - CH^2OH$, deux fois alcool primaire, soumis à l'oxydation, donne finalement l'*acide oxalique*, $CO^2H - CO^2H$, deux fois acide, puisqu'il renferme deux groupements fonctionnels $- CO^2H$; pratiquement ce composé s'obtient en oxydant, par l'acide azotique par exemple, des matières organiques, le sucre en particulier, et les mélasses de betteraves, ou encore par l'action de la potasse fondante à 200° sur la cellulose, la sciure de bois notamment, dans des cornues en fer. On lessive la masse. on précipite par la chaux l'oxalate de calcium, puis on le traite par l'acide sulfurique moyennement étendu et chaud. Il se forme une solution d'acide oxalique qui cristallise par refroidissement.

L'acide oxalique cristallise avec deux molécules d'eau, $C^2O^4H^2.2H^2O$, en prismes légèrement efflorescents. Il est peu soluble dans l'eau froide, beaucoup plus dans l'eau chaude, donc facile à purifier par cristallisations. Chauffé lentement à l'étuve, il se déshydrate peu à peu ; chauffé rapidement, il fond au-dessus de 100° et donne des vapeurs ; mais il éprouve toujours une décomposition partielle ; on peut avoir à la fois :

$$C^2O^4H^2 = CO^2 + \quad CHO^2H$$
acide formique

et $\qquad C^2O^4H^2 = CO^2 + CO + H^2O.$

Le premier mode de décomposition devient régulier en présence de la glycérine, et c'est alors la préparation de l'acide formique ; le deuxième se poursuit normalement en présence d'un excès d'acide sulfurique concentré et c'est là une préparation de l'oxyde de carbone. On absorbe CO^2 par un flacon laveur à potasse.

L'oxyde de carbone étant un réducteur, on s'explique dès lors que l'acide oxalique soit lui-même un réducteur énergique surtout en milieu sulfurique. Il s'empare de l'oxygène pour donner du gaz carbonique et de l'eau :

$$C^2O^4H^2 + O = 2CO^2 + H^2O.$$

En particulier l'acide oxalique réduit et décolore le permanganate de potassium ; c'est une réaction employée dans l'analyse volumétrique.

Dans l'indiennerie on l'emploie comme rongeant.

C'est un poison assez violent.

L'acide oxalique est un acide assez énergique, il rougit le tournesol, fait effervescence avec les carbonates et dissout les oxydes métalliques ; en solution il sert à décaper les métaux (eau de cuivre).

Il donne avec les bases, puisqu'il est deux fois acide, deux séries de sels ; on a par exemple avec la potasse, l'oxalate neutre de potassium, $CO^2K\text{-}CO^2K$, et l'oxalate acide, $CO^2H\text{-}CO^2K$, ou bioxalate. Ce dernier se rencontre dans l'oseille (sel d'oseille), d'où le nom de l'acide oxalique.

L'oxalate neutre d'ammonium, $C^2O^4(NH^4)^2$, est employé comme réactif des sels de calcium ; l'oxalate de calcium, $C^2O^4Ca.H^2O$. est en effet insoluble et on dose souvent la chaux à l'état d'oxalate de calcium, ou bien, après calcination de celui-ci, à l'état de carbonate de calcium ou mieux de chaux vive.

Enfin l'acide oxalique, deux fois acide, donne avec les alcools deux séries d'éthers, par exemple avec l'éthanol on aura l'oxalate neutre d'éthyle, $CO^2.C^2H^5\text{-}CO^2.C^2H^5$, et l'acide éthyloxalique, $CO^2H\text{-}CO^2.C^2H^5$. Ces éthers se forment tous deux en chauffant de l'alcool et de l'acide oxalique déshydraté ; on les sépare par distillation.

Quant à l'anhydride oxalique il n'existe pas ; quand on cherche à le préparer, on n'obtient que de l'oxyde de carbone et de l'anhydride carbonique.

177. Acides-Alcools. — Acide lactique. — Sa préparation. — Le glycol éthylénique, $CH^2.OH\text{-}CH^2.OH$, deux fois alcool primaire, peut donner par oxydation l'acide oxalique, $CO^2H - CO^2H$; mais si l'oxydation porte sur un seul groupe $-CH^2OH$, on obtient un produit intermédiaire, $CH^2.OH - CO^2H$, l'*acide glycolique* une fois alcool primaire et une fois acide.

Le glycol propylénique, $CH^3 - CHOH - CH^2OH$, oxydé par l'acide azotique étendu ou par l'air en présence du noir de platine, donne l'*acide lactique*, $CH^3 - CH.OH - CO^2H$, une fois acide et une fois alcool secondaire, et dès lors susceptible de donner lui-même par oxydation un corps à la fois acide et cétone, l'acide pyruvique, $CH^3 - CO - CO^2H$.

Pratiquement, l'acide lactique, $C^3H^6O^3$, s'obtient dans la fermentation du lait. Le sucre de lait, $C^{12}H^{22}O^{11}.H^2O$, sous l'influence d'un ferment spécial, le *ferment lactique*, se dédouble en quatre molécules d'acide lactique :

$$C^{12}H^{22}O^{11} + H^2O = 4C^3H^6O^3.$$

Ce dédoublement est la cause de l'aigrissement spontané du lait, et comme l'acide lactique provoque la précipitation des matières albuminoïdes, on dit que le lait tourne. Mais la fermentation lactique s'arrête bientôt, par suite de l'action de l'acide sur le ferment lui-même.

On obtient l'acide lactique en abandonnant un mélange de lait ou de petit lait, de vieux fromage (qui apporte le ferment), de sucre qui sera entraîné dans le dédoublement, et de craie. La craie sature l'acide lactique à mesure de sa formation, ce qui permet au ferment de poursuivre son action.

La fermentation lactique terminée, on reprend par l'eau bouillante. Le lactate de calcium se dépose par refroidissement. Traité par l'acide sulfurique il donnera du sulfate de calcium et une solution d'acide lactique susceptible d'être concentrée doucement au bain-marie.

Cet acide se présente sous forme d'un sirop soluble dans l'eau, à laquelle il communique une réaction franchement acide.

178. Fonction acide et fonction alcool. — L'acide lactique se combine avec la soude pour donner un lactate neutre de sodium, $CH^3 - CHOH - CO^2Na$. C'est donc bien un acide et un acide simple.

Cependant si on traite le lactate de sodium par le sodium lui-même, on obtient de l'hydrogène et un lactate disodique :

$$CH^3 - CHOH - CO^2Na + Na = H + CH^3 - CHONa - CO^2Na,$$

Tout comme avec l'alcool on obtient de l'alcool sodé. Mais ce composé n'est pas un deuxième sel de sodium, ce n'est qu'un alcoolate que l'eau décompose en redonnant du lactate monosodique et de la soude libre :

$$CH^3 - CHONa - CO^2Na + H^2O = CH^3 - CHOH - CO^2Na + NaOH.$$

L'acide lactique est donc un acide alcool ; il possède un groupement $- CO^2H$ et a les propriétés d'un acide ; il possède en outre le groupement $- CH.OH -$ et a les propriétés d'un alcool secondaire.

Ainsi faisons réagir l'iodure d'éthyle sur le lactate de sodium, nous obtiendrons du lactate d'éthyle :

$$CH^3\text{-}CH.OH\text{-}CO^2Na + C^2H^5I = CH^3\text{-}CH.OH\text{-}CO^2.C^2H^5 + NaI.$$
lactate de sodium   lactate d'éthyle

Le lactate d'éthyle est à la fois éther-sel et alcool secondaire. Faisons réagir maintenant deux *molécules* d'iodure d'éthyle sur le lactate *disodique*, nous obtiendrons l'éthyllactate d'éthyle :

$$\begin{array}{c} CH^3 \\ | \\ CH.ONa \\ | \\ CO^2.Na \end{array} + 2C^2H^5I = 2NaI + \begin{array}{c} CH^3 \\ | \\ CH.OC^2H^5 \\ | \\ CO^2C^2H^5 \end{array}$$

une fois éther-sel et une fois éther-oxyde.

En effet, si nous traitons ce corps par la soude caustique, l'éther-sel sera seul saponifié et nous obtiendrons l'éthyllactate de sodium, $CH^3.CH(OC^2H^5).CO^2Na$, sel de l'acide éthyllactique.

Lactide. — Puisque l'acide lactique est à la fois acide et alcool, il peut s'éthérifier lui-même, et, en effet, si on cherche à distiller l'acide lactique, une portion se transforme en eau et *lactide* :

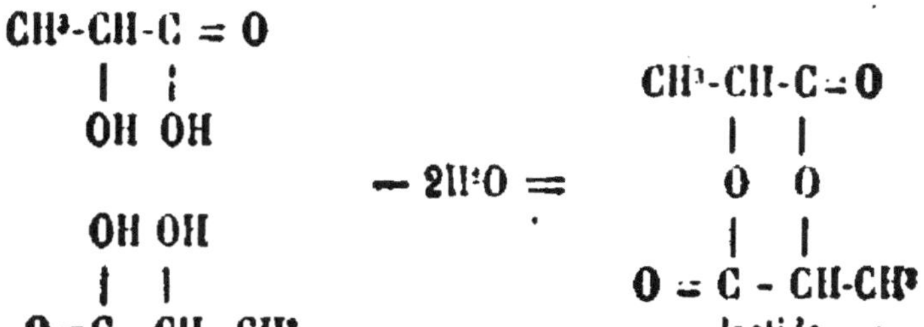

$$CH^3\text{-}CH\text{-}C = O \quad\quad\quad\quad CH^3\text{-}CH\text{-}C = O$$
$$\quad |\quad |\quad\quad\quad\quad\quad\quad\quad\quad |\quad |$$
$$\quad OH\ OH\quad\quad\quad\quad\quad\quad\quad O\quad O$$
$$\quad\quad\quad\quad\quad -\ 2H^2O =$$
$$OH\ OH\quad\quad\quad\quad\quad\quad\quad |\quad |$$
$$\ |\quad |\quad\quad\quad\quad\quad\quad\quad O = C - CH\text{-}CH^3$$
$$O = C - CH - CH^3\quad\quad\quad\quad lactide$$

179. Autres composés à fonctions multiples. — Les acides-alcools sont très nombreux ; il en est de fort importants : signalons seulement l'acide *tartrique*,

$$CO^2H\text{-}CH.OH\text{-}CH.OH\text{-}CO^2H,$$

que l'on extrait du tartre des vins, et l'acide *citrique*

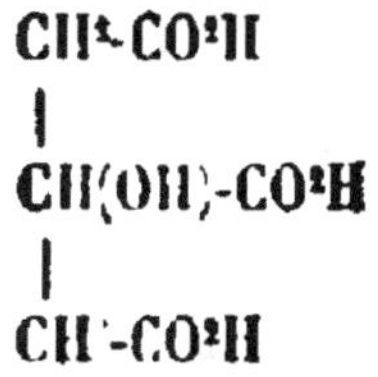

$$CH^2\text{-}CO^2H$$
$$|$$
$$CH(OH)\text{-}CO^2H$$
$$|$$
$$CH^2\text{-}CO^2H$$

que nous avons appris à retirer du jus de citron fermenté ; l'un est deux fois acide et deux fois alcool secondaire, l'autre est trois fois acide et une fois alcool tertiaire.

Nous citerons enfin les matières sucrées et amylacées qui présentent à la fois des fonctions alcooliques, des fonctions aldéhydiques et des fonctions cétoniques. La présence des fonctions alcooliques explique la formation des éthers (Voir cours de Première) ; la fonction aldéhyde explique la réduction par le glucose de la liqueur de Fehling et du nitrate d'argent ammoniacal.

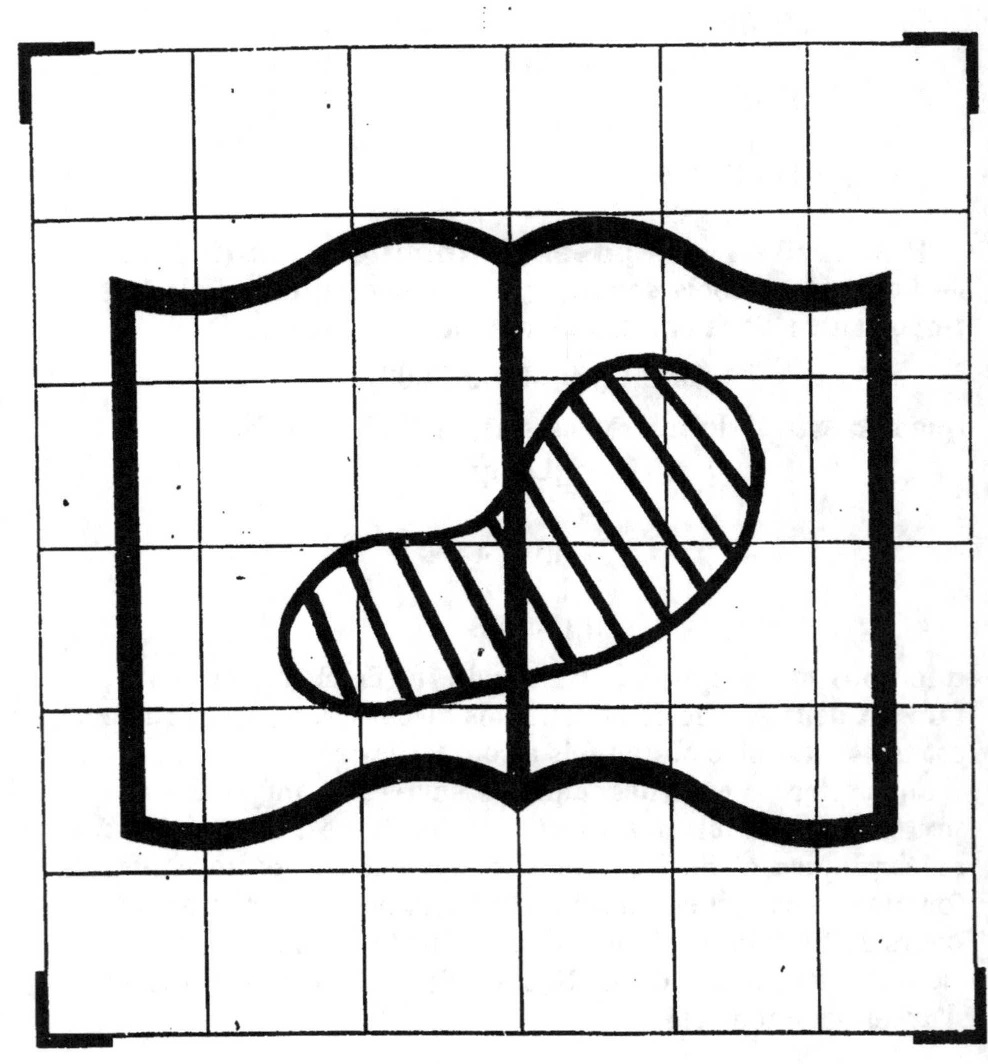

CHAPITRE XXII

CARBURES BENZÉNIQUES

---

180. Caractère général. — A côté dés carbures saturés ou non saturés dont nous avons fait l'étude sommaire se rangent d'autres carbures plus nombreux encore et remarquables par la facilité avec laquelle ils donnent des réactions de substitution. Le plus simple de ces carbures est le benzène, C^6H^6, que nous avons appris à retirer des goudrons de houille (Voir cours de Première).

Les carbures que nous allons étudier maintenant donnent par oxydation des composés possédant des fonctions nouvelles ; mais nous ne parlerons ici que de la fonction phénol.

181. Synthèse du benzène. — Berthelot a réalisé la synthèse du benzène en chauffant pendant une heure environ, au voisinage du rouge sombre, de *l'acétylène* contenu dans un tube en verre peu fusible, renversé sur du mercure et entouré d'une toile métallique.

Fig. 46. — Synthèse du benzène.

Après refroidissement, on constate que le gaz a presque disparu et qu'il reste sur les parois de la cloche un enduit goudronneux, mélange de carbures parmi lesquels le benzène peut être caractérisé facilement. Il suffit en effet de faire écouler le mercure et de verser dans le tube quelques gouttes d'un mélange d'acide nitrique et d'acide sulfurique. On reprend ensuite par l'eau l'excès d'acides et on perçoit nettement l'odeur caractéristique du nitrobenzène ; celui-ci résulte (Voir cours de Première), de l'action de l'acide nitrique sur le benzène.

La transformation de l'acétylène en benzène est représentée par l'équation

$$3C^2H^2 = C^6H^6.$$

C'est une réaction de polymérisation : le benzène est un polymère de l'acétylène.

182. Propriétés du benzène : Réactions d'addition. — N'étant pas plus riche en hydrogène que l'acétylène, le benzène devrait, semble-t-il, donner facilement des produits d'addition, avec le chlore et le brome par exemple, dont l'action sur l'acétylène est si violente.

a. Action du chlore. — Or, le chlore et le brome à froid et dans l'obscurité sont à peu près sans action sur le benzène ; il faut, pour obtenir des produits d'addition, faire intervenir la lumière solaire directe.

En exposant au soleil un flacon plein de chlore et dans lequel on a versé quelques gouttes de benzène, on obtient deux hexachlorures de benzène de même formule brute $C^6H^6Cl^6$, en cristaux blancs. A ces composés la potasse enlève facilement $3HCl$ avec retour aux dérivés trisubstitués du benzène $C^6H^3Cl^3$.

b. Action de l'hydrogène. — En faisant passer sur du nickel réduit, chauffé à 180°, un courant d'hydrogène chargé de vapeurs de benzène, on obtient un produit d'addition, l'hexahydrobenzène, C^6H^{12}.

Ce carbure ne ressemble aux carbures éthyléniques que par sa formule, car par oxydation il perd 6H et redonne du benzène.

Si on voulait pousser plus loin l'hydrogénation et obtenir

l'hexane, C^6H^{14}, il faudrait employer un moyen d'hydrogénation très énergique et très général : chauffer le benzène
en tube scellé, à 280°, pendant six heures, avec une solution
saturée d'acide iodhydrique. On aurait alors de l'hexane ;
mais la molécule de benzène est ainsi complètement disloquée
et il n'est plus possible de revenir de l'hexane au benzène.

183. Constitution du benzène. — La formule brute
du benzène résulte de l'analyse ; le poids moléculaire, con-
firmé par la densité de vapeur, résulte de ce que, dans le
benzène, l'hydrogène est remplaçable par le chlore par
sixièmes, c'est-à-dire que l'on peut classer tous les benzènes
chlorés en six groupes représentés par les formules C^6H^5Cl,
$C^6H^4Cl^2$, $C^6H^3Cl^3$, $C^6H^2Cl^4$, C^6HCl^5 et C^6Cl^6.

La formule rationnelle du benzène est donc C^6H^6.

Comme il n'existe qu'un seul benzène monochloré, comme
en outre l'étude approfondie du benzène et de ses dérivés ne
laisse apparaître aucun caractère différentiel entre les six
atomes de carbone et les six atomes d'hydrogène, Kékulé a
été conduit à représenter le benzène par des formules de
constitution symétriques et hexagonales.

Celle qu'on adopte généralement est la suivante :

$$
\begin{array}{c}
H \\
| \\
C \\
\diagup\ \diagdown \\
H-C \quad\quad C-H \\
|\quad\quad\quad\quad| \\
H-C \quad\quad C-H \\
\diagdown\ \diagup \\
C \\
| \\
H
\end{array}
$$

La présence des trois liaisons doubles en particulier explique la formation successive des trois produits d'addition
$C^6H^6Cl^2$, $C^6H^6Cl^4$ et $C^6H^6Cl^6$.

Le caractère tétravalent des atomes de carbone est marqué par les quatre traits de liaison aboutissant à chaque
symbole du carbone.

184. Dérivés de substitution chlorés. — Le chlore se substitue à l'hydrogène du benzène quand on fait passer un courant de ce gaz dans du benzène additionné d'un peu d'iode. L'iode agit comme catalyseur ; il donne du trichlorure d'iode, ICl^3, qui cède du chlore au carbure et passe à l'état de protochlorure, ICl. Ce dernier refait du trichlorure, et ainsi de suite.

La substitution donne naissance à du gaz chlorhydrique et à divers dérivés chlorés que l'on peut séparer par distillations fractionnées.

On a tout d'abord, par ordre de volatilité, un benzène monochloré et un seul qui bout à 132°. Il a été formé d'après l'équation

$$C^6H^6 + Cl^2 = C^6H^5Cl + HCl.$$

On n'a de même qu'un seul dérivé bichloré, du moins en proportion notable ; mais on peut, par d'autres moyens, en obtenir deux autres. Il y a donc trois benzènes dichlorés correspondant aux trois formules développées ci-dessous :

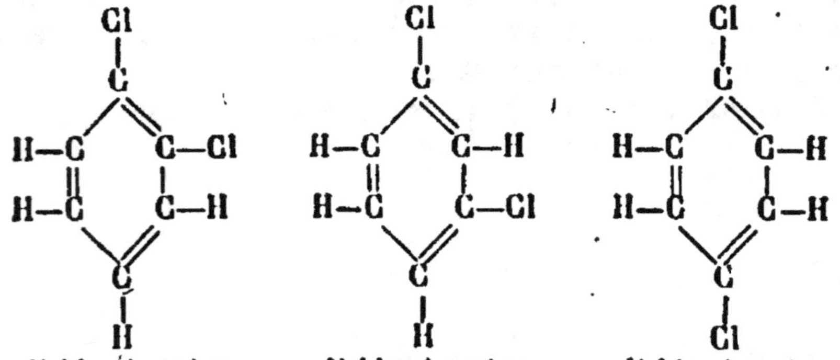

dichlorobenzène ortho ou 1 — 2

dichlorobenzène méta ou 1 — 3

dichlorobenzène para ou 1 — 4

La théorie de Kékulé prévoit donc et l'expérience confirme l'existence de trois dichlorobenzènes et de trois seulement. C'est le dérivé para ou 1 — 4 qui se forme dans l'action directe du chlore ; mais nous n'expliquerons pas ici comment on a pu, par une étude plus approfondie, spécifier auquel de chacun de ces dérivés il convient d'attribuer la forme ortho, méta ou para.

La théorie de Kékulé prévoit de même et l'expérience démontre l'existence de trois benzènes trichlorés, $C^6H^3Cl^3$, de trois benzènes tétrachlorés, $C^6H^2Cl^4$, d'un seul benzène pentachloré, C^6HCl^5, et d'un seul benzène hexachloré, C^6Cl^6.

Au contraire de ce qui a lieu pour les produits d'addition, les produits de substitution sont doués d'une stabilité remarquable et qui contraste également avec les propriétés des chlorures alcooliques.

L'oxyde d'argent humide et l'acétate d'argent qui nous ont servi à passer du chlorure d'éthyle à l'alcool sont absolument sans action sur les benzènes chlorés. Ceux-ci ne peuvent être saponifiés que par la potasse fondue à 300° et il se forme des composés nouveaux appelés *phénols*, présentant des caractères spéciaux.

Avec le benzène monochloré et la potasse fondante, on aura par exemple la réaction

$$C^6H^5Cl + KOH = KCl + C^6H^5.OH.$$
phénol

185. Action de l'acide sulfurique. — L'acide sulfurique fumant, ou même l'acide sulfurique à 100 °/₀ de SO^4H^2, agit sur le benzène à froid et donne les réactions

$$C^6H^6 + S^2O^7H^2 = C^6H^5.SO^3H + SO^4H^2,$$
$$C^6H^6 + SO^4H^2 = C^6H^5.SO^3H + H^2O.$$

L'eau formée est retenue par l'excès d'acide concentré. Il se forme de l'acide phénylsulfureux, c'est-à-dire du benzène dans lequel un H est remplacé par le radical SO^3H.

On donne en effet le nom de phényle au radical C^6H^5.

En prolongeant l'action de l'acide sulfurique fumant on obtiendrait les acides phényldisulfureux, $C^6H^4(SO^3H)^2$ et phényltrisulfureux, $C^6H^3(SO^3H)^3$.

La théorie prévoit et l'expérience confirme l'existence de trois acides phényldisulfureux et de trois acides phényltrisulfureux.

Les acides phénylsulfureux sont des acides énergiques, solubles dans l'eau et donnant des sels bien cristallisés.

De même que les dérivés chlorés ils sont remarquables par leur stabilité : ils ne peuvent être saponifiés que par fusion avec la potasse à 300° ; on obtient alors du sulfite de potassium et des phénols. On aura par exemple la réaction

$$C^6H^5.SO^3H + 2KOH = SO^3K^2 + C^6H^5.OH + H^2O.$$

186. Dérivés nitrés. — Nous savons que le benzène, versé peu à peu dans de l'acide nitrique fumant ou dans un mélange d'acides nitrique et sulfurique concentrés, se change en nitrobenzène (Voir cours de Première).

On a la réaction

$$C^6H^6 + NO^3H = C^6H^5.NO^2 + H^2O ;$$

on enlève l'excès d'acides par un lavage à l'eau froide et on a finalement un liquide dont l'odeur rappelle celle de l'essence d'amandes amères ; c'est l'essence de Mirbane.

On ne connait qu'un seul benzène mononitré ; il se solidifie à 5°,3.

Si on pousse plus loin l'action des acides en laissant la température s'élever quelque peu, on obtient un mélange des trois benzènes dinitrés, $C^6H^4(NO^2)^2$, ortho, méta et para. C'est l'isomère méta qui se forme en proportion dominante.

Les benzènes dinitrés sont des solides bien cristallisés fondant respectivement à 116°, 90° et 172°.

197. Composés cycliques. — Dans le benzène, les atomes de carbone forment une chaîne fermée ou cyclique ou encore, comme on dit, un noyau. Le benzène est donc un carbure cyclique.

En chimie organique, les composés cycliques ou à chaîne fermée sont encore plus nombreux que les composés à chaîne ouverte ou composés acycliques.

Dans le nombre immense des composés cycliques prenons tout d'abord les carbures homologues du benzène. Ils sont représentés par la formule générale C^nH^{2n-6}. On les retire, par distillation fractionnée, des goudrons de houille.

Le plus simple d'entre eux après le benzène est le toluène, $C^6H^5.CH^3$.

C'est un liquide qui bout à 111° et qui peut être considéré comme du benzène dont un H a été remplacé par un groupe méthyle, CH^3; c'est donc du méthylbenzène.

On l'obtient synthétiquement par la méthode de Würtz, c'est-à-dire en faisant réagir deux atomes de sodium sur une molécule de chlorure de méthyle et une molécule de benzène monochloré ou chlorure de phényle :

$$C^6H^5.Cl + CH^3.Cl + 2Na = 2NaCl + C^6H^5.CH^3.$$

En partant des trois benzènes dichlorés ortho, méta et para on obtiendrait les trois *xylènes* ou diméthylbenzènes, $C^6H^4(CH^3)^2$, ortho, méta et para ; et ainsi de suite.

En remplaçant le chlorure de méthyle par le chlorure d'un carbure acyclique quelconque, saturé ou non, on obtiendrait, en quantité innombrable, des carbures benzéniques formés de la soudure à un noyau benzénique de chaînes latérales de plus en plus compliquées.

Ce n'est pas tout : plusieurs noyaux peuvent entrer dans une même molécule. C'est ainsi qu'en faisant agir le sodium sur un mélange de bromure de phényle, C^6H^5Br, et de méthane bibromé, CH^2Br^2, ou de bromoforme, $CHBr^3$, nous aurons le *diphénylméthane*, $CH^2(C^6H^5)^2$, et le *triphénylméthane*, $CH(C^6H^5)^3$. On conçoit combien sont nombreux les dérivés de semblables carbures.

Enfin plusieurs noyaux peuvent se souder entre eux et donner de nouveaux carbures fondamentaux. Ainsi le *naphtalène* que nous connaissons déjà (Voir cours de Première) est formé par la réunion de deux noyaux en un seul noyau complexe :

CH   CH
HC C CH
HC C CH
CH CH

Si nous ajoutons maintenant qu'il existe bien d'autres noyaux fondamentaux dans lesquels interviennent l'azote, l'oxygène, le soufre ; que ces composés ne sont pas tous des produits de synthèse mais des produits naturels ou industriels d'une grande importance pratique, on aura peut-être une idée du développement considérable de la chimie organique.

Revenons aux homologues du benzène.

188. Propriétés des homologues du benzène. — Les homologues du benzène peuvent comme ce carbure donner des produits d'addition peu stables, avec le chlore par exemple.

Les composés d'addition avec l'hydrogène s'obtiennent comme précédemment en faisant passer sur du nickel réduit chauffé vers 200° un courant d'hydrogène chargé de vapeur de carbure. Ces produits d'addition représentés par la formule générale C^nH^{2n} s'appellent des naphtènes. On les trouve dans les pétroles du Caucase.

Les carbures benzéniques possédant à la fois un noyau benzénique et des chaînes latérales, leurs propriétés procèdent à la fois de celles du benzène et de celles des carbures acycliques.

Action des oxydants. — C'est ainsi que les oxydants (permanganate, mélange chromique), transforment toute chaîne latérale en un simple chaînon $-CO^2H$, groupement fonctionnel acide; avec le toluène par exemple, on a l'acide benzoïque :

$$C^6H^5.CH^3 + 3O = C^6H^5.CO^2H + H^2O.$$
$$\text{ac. benzoïque}$$

Acide nitrique. — Cependant l'acide nitrique fumant à froid agit sur le noyau et donne des dérivés nitrés :

$$C^6H^5.CH^3 + NO^3H = C^6H^4(NO^2).CH^3 + H^2O.$$
$$\text{toluène}$$
$$\text{mononitré}$$

Il y a, bien entendu, trois toluènes mononitrés : ortho, méta et para. Il y a aussi des dérivés dinitrés, trinitrés, etc.

Acide pyrosulfurique. — On obtiendra de même des acides
toluène-sulfureux $\quad C^6H^4(SO^3H) CH^3$,
toluène-disulfureux $C^6H^3(SO^3H)^2. CH^3$, etc.

L'action spéciale de l'acide pyrosulfurique se rencontre chez quelques composés acycliques de poids moléculaire élevé ; mais elle est absolument générale pour les composés cycliques. Elle permet de transformer en un acide soluble un composé organique insoluble ; on peut en outre, en multipliant les substitutions, augmenter l'éclat et varier les teintes des matières colorantes.

189. Substitution du chlore. — C'est surtout l'action du chlore sur ces carbures qui va, une fois encore, nous permettre de bien préciser leur constitution. Prenons comme exemple le toluène.

1° Si nous exposons au soleil un mélange de chlore et de vapeurs de toluène, nous obtenons, comme avec le benzène, des produits d'addition peu stables, $C^7H^8Cl^2$, $C^7H^8Cl^4$ et $C^7H^8Cl^6$: ce dernier est l'hexachlorure de toluène.

2° Si nous faisons passer un courant de chlore dans du toluène *froid* additionné d'iode, le chlore se substitue *dans le noyau* et nous obtenons des toluènes monochlorés, $C^6H^4Cl.CH^3$, dichlorés, $C^6H^3Cl^2.CH^3$, etc.

Le toluène monochloré ressemble au benzène monochloré ; comme lui il n'est saponifié ni par l'acétate d'argent, ni par la potasse aqueuse, mais traité par la potasse fondante à 300° et en vase clos, bien entendu, il donnerait l'homologue supérieur du phénol, le crésylol, $C^6H^4. OH.CH^3$. Plus exactement il existe trois toluènes monochlorés auxquels correspondent les trois crésylols ortho, méta et para.

3° Si nous opérons au contraire *à la température d'ébullition* du toluène, le chlore se substitue dans la chaîne latérale et nous obtenons successivement, $C^6H^5.CH^2Cl$, le chlorure de benzyle, $C^6H^5.CHCl^2$, le chlorure de benzylidène, et $C^6H^5.CCl^3$, le phénychloroforme.

Le chlorure de benzyle ressemble au chlorure de méthyle ; rien n'est plus facile que de le saponifier. Traité par la potasse aqueuse ou par l'oxyde d'argent humide, ou mieux encore par l'acétate d'argent et la potasse, il donne successivement

$$C^6H^5 - CH^2Cl + CH^3 - CO^2Ag = AgCl + CH^3 - CO^2.(CH^2 - C^6H^5),$$

acétate de benzyle

$$CH^3 - CO^2.CH^2 - C^6H^5 + KOH = CH^3 - CO^2K + C^6H^5 - CH^2OH.$$

alcool benzylique

190. Alcool benzylique et dérivés. — *L'alcool benzylique* est caractérisé en tant qu'alcool primaire par le groupement fonctionnel - CH^2OH.

Il donne par une oxydation ménagée l'aldéhyde benzoïque, $C^6H^5 - CHO$, puis l'acide benzoïque, $C^6H^5 - CO^2H$.

L'aldéhyde benzoïque est un liquide bouillant à 179°; c'est l'un des constituants de l'essence d'amande amère.

L'acide benzoïque est un solide fondant à 120° et qui bout à 250°; on le retire du benjoin et de l'urine des herbivores.

Remarquons d'ailleurs que l'on peut obtenir ces deux produits par l'action directe de la potasse sur les dérivés dichloré et trichloré du toluène, dans la chaîne latérale. On a en effet les réactions

$$C^6H^5 - CHCl^2 + 2KOH = 2KCl + H^2O + C^6H^5 - CHO.$$

<table>
<tr><td>chlorure
de benzylidène</td><td></td><td>aldéhyde
benzoïque</td></tr>
</table>

$$C^6H^5 - CCl^3 + 3KOH = 3KCl + H^2O + C^6H^5 - CO^2H.$$

<table>
<tr><td>phényl chloroforme</td><td></td><td>acide benzoïque</td></tr>
</table>

Nous avons déjà dit que l'acide benzoïque résulte de l'oxydation du toluène.

D'autre part l'acide benzoïque, traité par la chaux sodée, perd CO^2 et donne du benzène :

$$C^6H^5 - CO^2H = C^6H^6 + CO^2,$$

tout comme l'acide acétique donne du méthane :

$$CH^3 - CO^2H = CH^4 + CO^2.$$

Il y a donc là une réaction tout à fait générale permettant de passer d'un acide en C^{n+1} à un carbure en C^n. Or un acide en C^{n+1} résulte de l'oxydation d'un carbure en C^{n+1}; on descend donc ainsi d'un carbure à un carbure inférieur, du toluène au benzène par exemple, tandis que la méthode de Würtz permet de réaliser le passage inverse.

CHAPITRE XXIII

PHÉNOLS.

191. Définition et préparation synthétique. — Les phénols dérivent des carbures cycliques par substitution d'un ou plusieurs oxhydriles OH à un ou plusieurs atomes d'hydrogène du noyau. Il y a donc des polyphénols comme il y a des polyalcools.

On obtient les phénols synthétiquement en saponifiant par la potasse fondue à 300° les dérivés chlorés ou sulfureux correspondants. On a par exemple la réaction

$$C^6H^5.Cl + KOH = KCl + C^6H^5.OH,$$

chlorure de phényle   phénol

$$C^6H^5.SO^3H + 2KOH = SO^3K^2 + H^2O + C^6H^5.OH.$$

acide phénylsulfureux   phénol

On peut aussi obtenir un phénol en faisant barboter un courant d'oxygène dans un carbure benzénique bouillant additionné de chlorure d'aluminium ; celui-ci joue le rôle de catalyseur ; on a la réaction

$$C^6H^6 + O = C^6H^6.OH.$$

Le type des phénols est le *phénol ordinaire* ou acide *phénique* dont nous allons faire une étude sommaire.

192. Caractères généraux. — Les phénols sont généralement des antiseptiques, la plupart d'entre eux possèdent sur l'acide phénique l'avantage d'être moins toxiques et moins irritants.

Les caractères de là *fonction phénol* participent à la fois de ceux des acides et de ceux des alcools tertiaires, *mais les phénols ne sont ni des acides ni des alcools.*

En effet, pas plus que les alcools tertiaires, les phénols ne sont susceptibles de donner par oxydation des aldéhydes, des cétones ou des acides.

Ils peuvent par contre fournir des éthers-oxydes et des éthers-sels, avec cette particularité toutefois que ces éthers ne prennent pas naissance par l'action directe d'un phénol sur un alcool ou un acide, même en présence d'acide sulfurique.

a. Pour obtenir un éther-oxyde, il faut faire réagir un phénol sodé sur un iodure alcoolique ; on aura par exemple la réaction

$$C^6H^5.ONa + CH^3I = NaI + C^6H^5.O.CH^3.$$

phénate de
sodium   phénate de
méthyle (anisol)

Des éthers-oxydes des phénols et des phénols eux-mêmes se rencontrent dans les parfums naturels.

b. Pour obtenir de même les éthers-sels des phénols, il faut faire réagir les phénols sodés sur les chlorures d'acides ; c'est ainsi que l'on obtiendra l'acétate de phényle en faisant réagir le chlorure d'acétyle sur le phénate de sodium :

$$C^6H^5.ONa + CH^3-COCl = NaCl + CH^3-CO^2.C^6H^5.$$

Il est à remarquer que les éthers-sels des phénols se saponifient comme les éthers-sels des alcools, mais avec moins de facilité

Distinction entre les phénols et les alcools tertiaires. — Voici maintenant des réactions qui différencient nettement les phénols des alcools tertiaires ; on sait avec quelle énergie le chlore, l'acide sulfurique, l'acide nitrique réagissent sur les alcools ; ces mêmes corps respectent la fonction phénolique et donnent simplement des produits de substitution.

Avec le chlore on aura des phénols chlorés, le phénol monochloré, $C^6H^4Cl.OH$, par exemple ; avec l'acide sulfurique fumant les acides phénol-sulfureux, $C^6H^4.(SO^3H) OH$; enfin avec l'acide nitrique fumant on a les phénols nitrés qui sont de belles matières colorantes jaunes. Nous donnerons quelques indications sur l'une d'elles, *d'acide picrique* ou *phénol trinitré*.

Combinaisons avec les alcalis. — Les phénols, avons-nous dit, ont des caractères qui rappellent ceux des acides.

Tandis que les alcools donnent, avec le *sodium*, des alcoolates décomposables par l'eau, les phénols donnent avec la *soude* des phénates que l'on peut retirer de leur solution aqueuse et obtenir cristallisés :

$$C^6H^5OH + NaOH = C^6H^5ONa + H^2O.$$

C'est d'ailleurs cette réaction qu'on utilise pour retirer le phénol des goudrons de houille et c'est ce caractère pseudo-acide qui a valu au phénol le nom, impropre d'ailleurs, d'acide phénique. Mais les phénols ne sont pas des acides.

Sans doute la solution de phénate de sodium est un électrolyte ; mais ceci tient à ce qu'elle est hydrolysée partiellement et c'est la soude libre qui agit comme électrolyte.

Cependant le caractère pseudo-acide s'exalte chez les dérivés nitrés des phénols : l'acide picrique donne avec les carbonates une faible effervescence et communique à l'eau une conductibilité très appréciable.

Phénols divers. Applications. — Les phénols sont des composés extrêmement nombreux et importants principalement pour l'industrie des matières colorantes et pour la fabrication des dérivés nitrés explosifs.

Il existe des phénols doubles et triples : tel l'*hydroquinone*, $C^6H^4(OH)^2$ et le *pyrogallol* ou acide pyrogallique, $C^6H^3(OH)^3$, tous deux employés en photographie comme *révélateurs*, à cause de leurs propriétés réductrices. Le pyrogallol en liqueur alcaline absorbe l'oxygène et noircit, il peut servir à faire l'analyse de l'air.

193. Étude particulière du phénol. — Les goudrons de houille renferment des produits oxygénés, notamment des *phénols* dont le plus simple est le *phénol* ordinaire ou *acide phénique* C^6H^5OH.

On le sépare des *huiles moyennes* en traitant celles-ci par une lessive concentrée de soude, qui dissout le phénol à l'état de *phénate de sodium*

$$C^6H^5OH + NaOH = C^6H^5ONa + H^2O.$$

On décante la solution de phénate, on la concentre, on régénère le phénol au moyen d'acide sulfurique, on décante de nouveau la couche de phénol qui surnage, on sèche sur du chlorure de calcium et on rectifie.

Nous avons signalé (§ 191) la préparation synthétique du phénol par oxydation du benzène en présence du chlorure d'aluminium et par saponification, au moyen de la potasse en fusion, du chlorure de phényle, C^6H^5Cl, ou de l'acide phénylsulfureux, $C^6H^5SO^3H$.

Le phénol bout à 182°, il se prend en masse par refroidissement et, après avoir été purifié par cristallisation, il ne fond plus qu'à 42°. Le phénol absolu doit être conservé en flacons bien bouchés car il est très hygrométrique, celui du commerce est souvent liquide dès la température ordinaire ([1]).

Le phénol a une odeur caractéristique, une saveur brûlante, il est soluble dans l'alcool en toutes proportions et dans vingt fois son poids d'eau.

Le phénol n'est pas un alcool, mais il a des propriétés qui rappellent celles des alcools. Le phénol, C^6H^5OH, dérive du benzène, C^6H^6, en remplaçant un hydrogène par un oxhydrile, tout comme l'éthanol, C^2H^5OH, dérive de l'éthane, C^2H^6.

Le phénol donne, avec la soude caustique ou le sodium, un *phénate de sodium* analogue aux *alcoolates*, mais beaucoup plus stable en présence de l'eau, puisqu'il se forme par

---

([1]) Le phénol par des pharmacies est maintenu liquide par une petite proportion d'alcool.

l'action de la soude concentrée, c'est-à-dire suivant l'équation

$$C^6H^5.OH + NaOH = C^6H^5.ONa + H^2O,$$

tandis que l'alcoolate de sodium ne s'obtient qu'en partant du sodium :

$$C^2H^5.OH + Na = C^2H^5.ONa + H.$$

Cependant un excès d'eau bouillante dédouble le phénate en soude caustique et phénol qui surnage. Le phénol n'est donc pas un véritable acide, bien qu'on l'appelle l'acide phénique ; il est sans action sur les indicateurs colorés et les carbonates.

Applications. — L'eau phéniquée (à 2 °/₀) est, comme tous les phénols d'ailleurs, un *antiseptique* ; mais le phénol est irritant, caustique et même toxique ; on l'emploie plutôt aujourd'hui comme *désinfectant.*

Le phénol est utilisé en grand pour la préparation de l'acide *picrique.*

194. Acide picrique. — *L'acide picrique,* $C^6H^2(NO^2)^3OH$, s'obtient en traitant le phénol par l'acide azotique à froid d'abord puis, pour terminer, à l'ébullition ; la réaction étant assez violente, il est plus pratique de faire réagir l'acide nitrique non pas sur le phénol lui-même, mais sur les dérivés sulfonés obtenus à 100° par l'action de l'acide sulfurique concentré. Après cristallisation, l'acide picrique se présente en paillettes jaune clair, solubles dans 100 p. d'eau à 15°. La solution, d'une saveur amère, a un pouvoir tinctorial considérable (laine, soie). Les phénols nitrés sont des matières colorantes jaunes. La solution d'acide picrique sert aussi contre les brûlures.

L'acide picrique fond à 122°,5 et peut même être sublimé ; mais chauffé sans précaution il détone, il est surtout dangereux à manier lorsqu'il a été fondu (mélinite).

Les picrates sont aussi des explosifs dangereux.

CHAPITRE XXIV

MATIÈRES ORGANIQUES AZOTÉES. — AMINES.

---

195. Généralités. — L'immense variété des matières organiques azotées se répartit en de nombreuses fonctions. Parmi celles-ci, les unes se rattachent plus ou moins aux composés oxygénés de l'azote ; tels sont les éthers nitriques (nitroglycérine) et les dérivés nitrés (nitrobenzène) dont nous avons déjà parlé ; les autres fonctions azotées, les plus importantes et les plus nombreuses, dérivent plus ou moins directement du type ammoniac.

Parmi ces dernières nous étudierons les trois fonctions les plus simples : les amines, les amides et les nitriles ; nous serons conduits ainsi à parler des éthylamines, de l'acétamide, de l'urée et des cyanures.

196. Amines. — Les amines sont, comme l'ammoniaque, des corps qui, en présence de l'eau, agissent comme des bases, qui s'unissent aux acides pour donner des sels et qui diffèrent de l'ammoniac, NH^3, en ce que un, deux ou trois atomes d'hydrogène sont remplacés par un, deux ou trois radicaux alcooliques tels que le méthyle, $-CH^3$, l'éthyle $-C^2H^5$, etc.

Dans les sels ammoniacaux, dans NH^4Cl par exemple, on peut même remplacer les quatre atomes d'hydrogène par des radicaux alcooliques.

197. Méthylamine. — La plus simple des amines est donc la monométhylamine, $NH^2.CH^3$.

Elle a été découverte par Würtz en 1849.

C'est un gaz incolore, d'une odeur vive rappelant celle de l'ammoniac, se liquéfiant à — 6°, très soluble dans l'eau qui en dissout 1200 fois son volume. La solution a une réaction nettement alcaline ; elle donne avec les acides des sels bien cristallisés ; elle précipite des sels de cuivre l'hydrate $Cu(OH)^2$; et le précipité se redissout dans un excès de réactif en donnant une belle liqueur bleu foncé (eau céleste).

Bref la méthylamine ressemble tout à fait à l'ammoniac, sauf cependant que le chlorhydrate $NH^2.CH^3.HCl$ est soluble dans l'alcool absolu, ce qui le distingue du chlorhydrate d'ammoniaque, $NH^3.HCl$. De plus la méthylamine *brûle à l'air* et donne, en même temps que de l'azote et de l'eau, du gaz carbonique qui trouble l'eau de chaux.

Si on remarque que la formule de cette base ne diffère de celle de l'ammoniac que par CH^2 en plus, que la méthylamine est par suite l'homologue supérieur de l'ammoniac, on pourra bien dire que la méthylamine est de l ammoniac, NH^3, dans lequel un H est remplacé par CH^3, ce qui conduit à la formule développée

$$(1) \qquad N \begin{cases} H \\ H \\ CH^3 \end{cases}$$

on pourrait tout aussi bien considérer ce corps comme un dérivé du méthane par substitution de NH^2 à H et l'écrire

$$(2) \qquad H - \underset{\underset{H}{|}}{\overset{\overset{H}{|}}{C}} - NH^2$$

Ces formules font prévoir l'existence d'autres amines :

1° En considérant une amine comme dérivant du gaz ammoniac, NH^3, on comprend que l'on puisse remplacer un ou plusieurs atomes d'hydrogène par des radicaux alcooliques tels que CH^3.

On peut par exemple obtenir successivement :

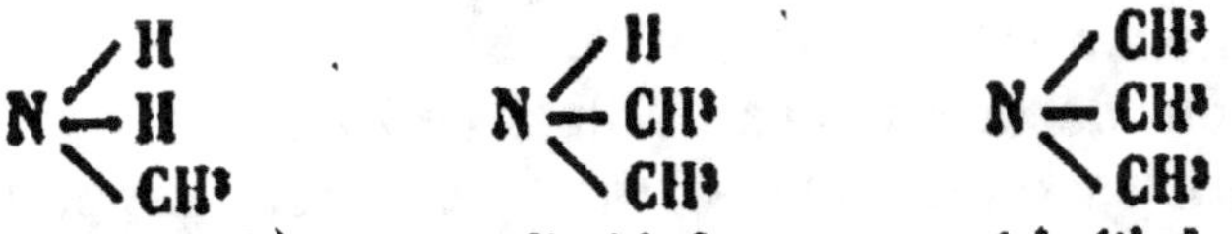

$$N \Big\langle {}^{\displaystyle H}_{\displaystyle CH^3}^{\,-H} \qquad N \Big\langle {}^{\displaystyle H}_{\displaystyle CH^3}^{\,-CH^3} \qquad N \Big\langle {}^{\displaystyle CH^3}_{\displaystyle CH^3}^{\,-CH^3}$$

monométhyl-amine
(amine primaire)   diméthyl-amine (amine secondaire)   triméthyl-amine (amine tertiaire)

2° En regardant une amine comme résultant de la substitution du radical *amidogène*, NH^2, à un atome d'hydrogène dans un hydrocarbure, on s'attend à la possibilité de faire cette substitution pour un ou plusieurs atomes d'hydrogène. En fait on peut seulement substituer un radical amidogène pour chaque atome de carbone contenu dans le carbure.

198. Préparation synthétique des amines. — Les amines se forment synthétiquement dans une réaction très générale, la réaction d'Hoffmann (1849) qui consiste à enfermer dans des matras en verre très épais, scellés à la lampe, des mélanges d'iodures alcooliques (de l'iodure de méthyle par exemple) et d'ammoniac en solution saturée dans l'alcool.

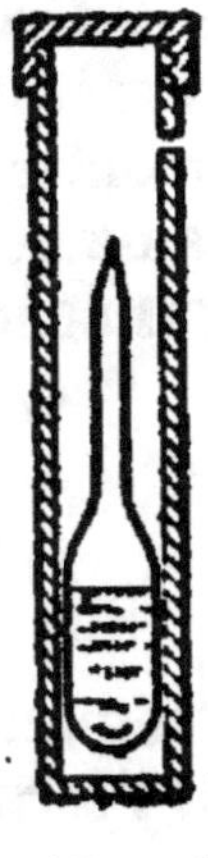

Ces matras, protégés par un tube de fer en cas d'explosion, sont chauffés au bain d'huile vers 100-130° pendant des heures.

Il se fait d'abord un produit d'addition de l'ammoniac et de l'iodure de méthyle :

$$(3) \qquad NH^3 + CH^3.I = NH^3.CH^3.HI ;$$

on a l'iodure de méthylammonium. La réaction est d'ailleurs lente et toujours incomplète.

Fig. 47. — Matras scellé.

Puis l'ammoniac déplace l'acide iodhydrique de l'iodure de méthylammonium en donnant de la monométhylamine

$$(4) \qquad NH^3.CH^3.HI + NH^3 = NH^4I + NH^2.CH^3.$$

Les équations (3) et (4) montrent comment l'action de l'ammoniac, NH^3, sur l'iodure de méthyle donne à la fois de ļa monométhylamine NH².CH³ et l'iodure de monométhylammonium.

De même, la monométhylamine, NH².CH³, réagissant sur l'iodure de méthyle, donne ensuite de la diméthylamine, NH(CH³)², et de l'iodure de diméthylammonium.

De même, à son tour, la diméthylamine, NH(CH³)², donne de la triméthylamine, N(CH³)³, et de l'iodure de triméthylammonium.

De même enfin la triméthylamine, N(CH³)³, réagissant sur l'iodure de méthyle donne de l'iodure de tétraméthylammonium, d'après la réaction.

$$N(CH^3)^3 + CH^3I = N(CH^3)^4I.$$

On a donc finalement, en solution dans l'alcool, quand le matras est refroidi, un mélange d'ammoniac et d'amines primaire, secondaire et tertiaire, d'iodure d'ammonium, NH⁴I, et d'iodures de méthylammonium primaire, secondaire, tertiaire et quaternaire.

On distille le tout avec de la potasse qui décompose les iodures et met en liberté les amines. Seul l'iodure de tétraméthylammonium n'est pas décomposé par l'alcali ; il est à remarquer en effet que l'énergie basique des amines, supérieure à celle de l'ammoniaque, croît avec le nombre des radicaux alcooliques substitués. Mais l'oxyde d'argent humide décompose l'iodure quaternaire en iodure d'argent et hydrate de tétraméthylammonium, (CH³)⁴NOH. Celui-ci forme des aiguilles déliquescentes, dont la solution aqueuse est fortement alcaline et se combine avec les acides pour donner des sels de tétraméthylammonium.

199. Propriétés générales. — Caractère basique. — Nous avons insisté précédemment sur le parallélisme des sels ammoniacaux et des sels alcalins, sur l'analogie par exemple du chlorure d'ammonium, NH⁴Cl, et du chlorure de potassium. Les solutions d'ammoniaque correspondent aux solutions de potasse ; mais si l'hydrate d'ammonium, NH⁴.OH, correspondant à la potasse, KOH, n'est pas connu, on voit maintenant qu'on a isolé du moins ses dérivés alcooliques tétrasubstitués, par exemple l'hydrate de tétraméthylammonium, $(CH^3)^4NOH$.

Il nous resterait à séparer les amines primaires, secondaires et tertiaires. Mais ceci nous entraînerait trop loin.

Les amines sont, avons-nous dit, des bases.

Les termes inférieurs sont des gaz d'odeur ammoniacale solubles dans l'eau; les termes suivants sont des liquides dont la volatilité et la solubilité vont en décroissant.

Voici d'ailleurs les points d'ébullition, sous la pression atmosphérique, des méthylamines :

NH^3	— 34°		$NH(CH^3)^2$	+ 7°
$NH^2.CH^3$	— 6°		$N(CH^3)^3$	+ 8°

Toutes les amines se combinent aux acides pour donner des sels; les chlorhydrates en particulier donnent avec le chlorure de platine des chloroplatinates insolubles et comparables au chloroplatinate d'ammonium, $PtCl^6(NH^4)^2$.

C'est là un caractère très général de toutes les bases organiques, des alcaloïdes notamment, et qui joue un grand rôle dans la détermination des poids moléculaires.

Action de l'acide azoteux. — Le chlorhydrate d'ammoniaque chauffé avec de l'azotite de sodium, NO^2Na, donne de l'azote et de l'eau; on peut écrire que c'est l'azotite d'ammonium qui se décompose suivant la réaction

$$NO^2.NH^4 = N^2 + 2H^2O.$$

Si on part non plus du chlorhydrate d'ammoniaque mais du chlorhydrate de la monométhylamine, on a de l'azote et de l'alcool méthylique, d'après la réaction

$$NO^2.NH^3(CH^3) = N^2 + H^2O + CH^3.OH.$$

Cette réaction s'étend à toutes les amines primaires.

Les amines secondaires donnent des dérivés spéciaux (dérivés nitrosés) et les amines tertiaires simplement des nitrites.

Production et utilisation des méthylamines. — Les méthylamines n'ont pas d'applications industrielles ; on les trouve cependant à l'état naturel dans diverses plantes, dans la saumure de harengs, dans les produits de putréfaction ; elles prennent naissance dans la distillation des os et plus généralement des matières organiques azotées.

La calcination des vinasses de betteraves fournit des chlorhydrates de méthylamines qui, chauffés dans une atmosphère d'acide chlorhydrique, donnent, par une réaction inverse de la réaction d'Hoffmann, du chlorure de méthyle et du chlorure d'ammonium.

$$N(CH^3)^3.HCl + 3HCl = NH^4Cl + 3CH^3Cl.$$
chlorhydrate
de triméthylamine

C'est à la fois une préparation industrielle du chlorure de méthyle et de l'ammoniaque.

200. Amines phénoliques. — Aux carbures cycliques peuvent correspondre deux sortes d'amines :

Les premières, *amines alcooliques,* résultent de la substitution d'un ou plusieurs radicaux -NH^2 à un ou plusieurs H des chaînes latérales.

Ainsi au toluène, $C^6H^5 - CH^3$, et à l'alcool benzylique, $C^6H^5 - CH^2OH$, correspond la benzylamine, $C^6H^5 - CH^2NH^2$.

Ces amines alcooliques cycliques sont tout à fait comparables aux amines acycliques et peuvent s'obtenir par des procédés analogues.

Les amines de la seconde catégorie, *amines phénoliques,* résultent de la substitution d'un ou plusieurs radicaux -NH^2 à un ou plusieurs H du noyau.

Ainsi au benzène, C^6H^6, et au phénol, $C^6H^5.OH$, correspond la plus simple des amines phénoliques, *l'aniline,* $C^6H^5.NH^2$, ou *phénylamine.*

On ne peut songer à préparer ces amines phénoliques par la réaction d'Hoffmann, c'est-à-dire à faire réagir la solutoin alcoolique d'ammoniaque sur le chlorure de phényle ; nous savons que seule la potasse fondante permet de dédoubler ce composé.

Pour obtenir les amines phénoliques, on a donc nécessairement recours à une tout autre méthode ; on réduit par l'hydrogène le dérivé nitré correspondant.

Ainsi du benzène, C^6H^6, nous passons au nitrobenzène, $C^6H^5.NO^2$ et celui-ci, réduit par l'hydrogène donne l'aniline :

$$C^6H^5.NO^2 + 6H = C^6H^5.NH^2 + 2H^2O.$$
$$\text{nitrobenzène} \qquad\qquad \text{aniline}$$

On utilise l'hydrogène naissant résultant de l'action de la limaille de fer sur l'acide acétique : c'est la réaction de Zinin.

On peut aussi faire passer un courant d'hydrogène chargé de vapeurs de nitrobenzène sur du nickel réduit chauffé à 230-250° ou sur du cuivre poreux, entre 300° et 400° (Sabatier).

La réaction s'étend d'ailleurs, dans des conditions déterminées de température, aux dérivés nitrés acycliques.

Les amines phénoliques ont la propriété de se combiner avec les acides comme les amines alcooliques. Elles sont décomposées à chaud par l'acide azoteux en donnant un phénol au lieu d'un alcool que donnerait une amine alcoolique primaire ; mais à froid, en présence de l'eau glacée, elles donnent en outre avec l'acide azoteux des composés très importants dans l'industrie des matières colorantes et qu'on appelle les corps *diazoïques* et *azoïques*. Nous allons examiner ces propriétés dans le cas particulier de l'*aniline* la plus importante des bases aromatiques.

201. Aniline, $C^6H^5NH^2$. — L'*aniline* ou *phénylamine* existe toute formée dans le goudron de houille ; mais la plus grande partie de cette base qu'utilise l'industrie est obtenue artificiellement.

Préparation. — On chauffe à la vapeur dans une chaudière munie d'un agitateur mécanique une certaine quantité de nitrobenzène avec un poids égal de limaille de fonte et un poids dix fois plus petit d'acide chlorhydrique qu'on étend de quatre fois son volume d'eau. On remet dans la chaudière ce qui distille tout d'abord et au bout de dix heures environ, on distille définitivement, en ajoutant de la chaux pour faire dégager la base combinée à l'acide chlorhydrique. On démontre facilement la réaction en chauffant dans un ballon de verre surmonté d'un long tube vertical d'un centimètre de diamètre une quantité convenable du mélange précédent. Après une heure, on distille avec de la chaux ou de la potasse.

Après dessication par du chlorure de calcium et rectification on obtient l'aniline pure.

Propriétés. — C'est un liquide incolore mais qui brunit à l'air en s'oxydant. Elle est un peu plus dense que l'eau ($d = 1,036$) dans laquelle il s'en dissout 3 °/₀ environ vers 15°. Elle se dissout dans l'éther, l'alcool, les hydrocarbures liquides.

Elle bout à 184° sous la pression normale et se solidifie à — 8°.

Elle est toxique et donne des vapeurs d'une odeur désagréable.

Quoique neutre au tournesol, l'aniline forme des sels bien définis avec les acides forts ; à chaud, elle peut déplacer l'ammoniaque.

L'aniline est une amine primaire ; elle donne avec l'acide azoteux à 60° (nitrite de sodium et acide chlorhydrique) de l'azote et du phénol :

$$C^6H^5.NH^2 + NO^2H = C^6H^5.OH + H^2O + N^2.$$

Cette réaction justifie le nom d'amine phénolique ; c'est une synthèse du phénol à partir du benzène.

202. Composés azoïques. — Si on faisait agir l'acide nitreux à basse température, on aurait une réaction toute différente, et qui s'obtient par simple mélange d'une solution très étendue de chlorhydrate d'aniline avec une solution très étendue également d'azotite de sodium mêlé d'acide chlorhydrique. On a une solution *incolore* de chlorure de *diazobenzol* :

$$C^6H^5.NH^2HCl + NO^2H = 2H^2O + C^6H^5 \cdot N = N \cdot Cl.$$

chlorhydrate
d'aniline   chlorure de diazobenzol

En ajoutant à cette solution une solution d'une amine dans l'acide chlorhydrique et saturant par la potasse, on obtient sur-le-champ une matière colorante azoïque.

On a par exemple la réaction :

$$C^6H^5 \cdot N = NCl + C^6H^5 \cdot NH^2$$
$$= C^6H^5 \cdot N = N \cdot C^6H^4 \cdot NH^2 + HCl.$$

amidoazobenzène

On utilise en réalité comme matières colorantes les dérivés sulfonés du diamidoazobenzène.

La même solution de chlorure de diazobenzol donne aussi des couleurs azoïques avec les solutions des divers phénols dans la potasse. On obtient ainsi avec une remarquable facilité une multitude de matières colorantes.

203. Produits d'oxydation. — L'aniline et les bases analogues notamment les toluidines

$$C^6H^4 \Big\langle {}^{CH^3}_{NH^2} \text{ ortho, méta, para,}$$

donnent aussi des matières colorantes par oxydation. La plupart d'entre elles brunissent par simple exposition à l'air en donnant des produits souvent peu connus. Beaucoup d'agents oxydants colorent aussi l'aniline. Une solution de chlorure de chaux la colore passagèrement en violet. Un mélange de bichromate de potasse et d'acide sulfurique la transforme en une matière verte puis noire. La même substance noire se produit en chauffant de l'aniline avec du chlorate de potasse et un sel de cuivre; c'est le *noir d'aniline* extrêmement employé en teinturerie.

Enfin l'oxydation d'un mélange d'aniline et de toluidines par le nitrobenzène ou l'acide arsénique donne une magnifique matière colorante rouge, la *fuchsine*.

CHAPITRE XXV

AMIDES

---

204. Amides. — Acétamide. — *a* Considérons un acide organique quelconque R CO OH ; remplaçons-y l'oxhydrile fonctionnel OH par le radical NH^2, nous obtenons une amide $R - CO\ NH^2$

Ainsi à l'acide acétique, $CH^3 - CO\ OH$. correspond l'amide acétique ou *acétamide*, $CH^3 - CO\ NH^2$

De même à un acide double comme l'acide oxalique correspondent deux amides suivant que l'on remplace un ou deux OH par un ou deux NH^2 :

$$\begin{array}{ccc}
CO.OH & CO\ OH & CO.NH^2 \\
| & | & | \\
CO\ OH & CO.NH^2 & CO.NH^2 \\
\text{acide oxalique} & \text{acide oxamique} & \text{oxamide}
\end{array}$$

La production des amides n'est pas particulière aux acides organiques ; ainsi, à l'acide sulfurique, correspondent un acide sulfamique et une sulfamide .

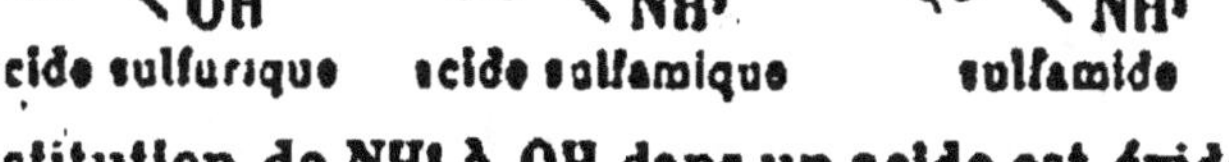

$$\begin{array}{ccc}
SO^2\!<\!\begin{array}{l}OH\\OH\end{array} & SO^2\!<\!\begin{array}{l}OH\\NH^2\end{array} & SO^2\!<\!\begin{array}{l}NH^2\\NH^2\end{array} \\
\text{acide sulfurique} & \text{acide sulfamique} & \text{sulfamide}
\end{array}$$

La substitution de NH^2 à OH dans un acide est évidemment identique à celle d'un H du gaz NH^3 par un radical acide ainsi que le montrent les formules

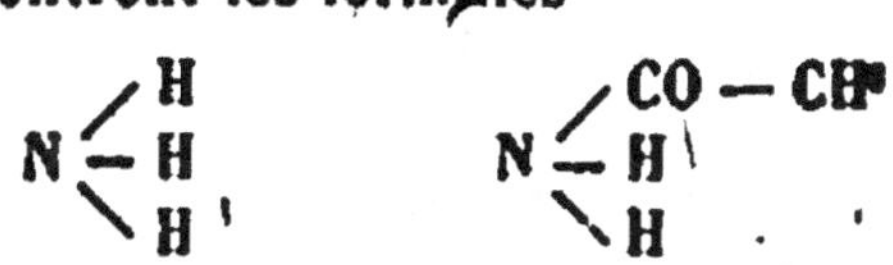

$$\begin{array}{cc}
N\!\!<\!\!\begin{array}{l}H\\H\\H\end{array} & N\!\!<\!\!\begin{array}{l}CO-CH^3\\H\\H\end{array} \\
\text{ammoniac} & \text{acétamide}
\end{array}$$

A ce dernier point de vue on comprend qu'il puisse y avoir des amides primaires, secondaires et tertiaires, suivant que l'on a remplacé dans NH³ un, deux ou trois H par des radicaux d'acide ; mais les premières seules sont importantes.

b. On peut aussi définir les amides comme résultant de la déshydratation des sels ammoniacaux ; ainsi l'acétamide s'obtient en enlevant une molécule d'eau à une molécule d'acétate d'ammonium.

205. Préparation des amides. — *1° Par distillation du sel ammoniacal correspondant.* — En chauffant de l'acé-

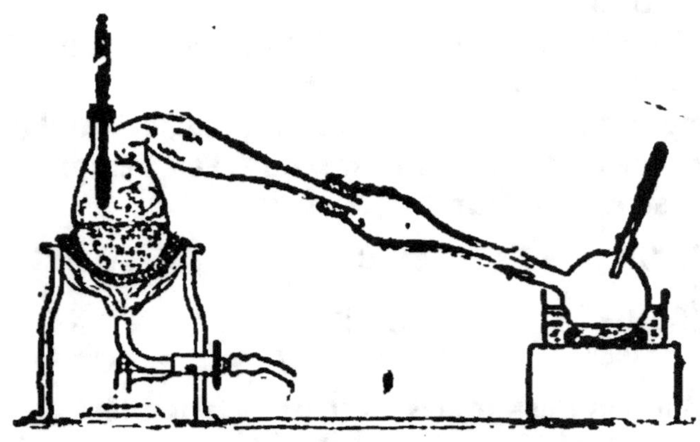

Fig. 45. — Préparation de l'acétamide.

tate d'ammonium à 200° dans une cornue adaptée à un ballon refroidi, on a la réaction

$$CH^3\text{-}CO.NH^4 = H^2O + CH^3\text{-}CO.NH^2 :$$

l'eau passe tout d'abord, puis l'acétamide.

Après plusieurs rectifications, on a l'acétamide pure sous forme d'aiguilles déliquescentes qui fondent à 82° et distillent à 222°.

2° Par action du gaz ammoniac sur un chlorure d'acide. — Avec le chlorure d'acétyle par exemple on a l'acétamide :

$$CH^3 - CO.Cl + 2NH^3 = CH^3 - CO.NH^2 + NH^4Cl.$$

Cette réaction est analogue à la réaction d'Hoffmann pour la préparation des amines.

3° *Par action de l'ammoniaque sur les éthers-sels.* — On met simplement dans un verre une solution alcoolique d'oxalate d'éthyle et on y verse de l'ammoniaque. On a aussitôt un précipité d'oxamide :

$$\begin{array}{c}CO^2 - C^2H^5 \\ | \\ CO^2 - C^2H^5\end{array} + 2NH^3 = \begin{array}{c}CO\,NH^2 \\ | \\ CO.NH^2\end{array} + 2C^2H^5.OH.$$

oxalate d'éthyle   oxamide

206. Propriétés. — Les amides traités par l'eau à 200°, en tube scellé, régénèrent le sel ammoniacal correspondant ; ainsi l'acétamide redonne l'acétate d'ammonium ; mais on « hydrolyse » plus aisément les amides par ébullition avec les acides énergiques ou les alcalis en solution étendue ; ainsi avec l'acétamide on aura les deux réactions

$$CH^3 - CONH^2 + HCl + H^2O = NH^4Cl + CH^3 - CO^2H,$$
$$CH^3 - CONH^2 + KOH = NH^3 + CH^3 - CO^2K.$$

Dans le premier cas c'est l'acide qui est mis en liberté ; dans le second c'est l'ammoniaque.

En somme, on passe des amides aux sels ammoniacaux par hydratation, c'est-à-dire par la réaction inverse de celle qui permet de passer des sels ammoniacaux aux amides.

On peut même pousser cette déshydratation plus loin et obtenir les nitriles, ainsi l'acétamide, $CH^3-CO-NH^2$, traitée par l'anhydride phosphorique, P^2O^5, perd encore H^2O et donne l'acétonitrile, $CH^3 - CN$. Nous y reviendrons.

Les amides renferment le radical NH^2 ; ce ne sont pas cependant des bases à proprement parler ; néanmoins elles donnent avec les acides des combinaisons peu stables.

L'acide nitreux agit sur le groupe NH^2 des amides comme sur celui des amines, sauf qu'on obtient non plus des alcools mais des acides ; avec l'acétamide on a la réaction

$$CH^3 - CO.NH^2 + NO^2H = N^2 + H^2O + CH^3 - CO^2H.$$

207. Urée : $CO(NH^2)^2$. — On appelle *urée* l'amide de l'acide carbonique. Si l'on admet pour l'acide carbonique la formule $CO(OH)^2$ et pour le carbonate neutre d'ammoniaque la formule $CO(ONH^4)^2$, on s'explique la formation de l'urée par soustraction à ce dernier sel de deux molécules d'eau

$$CO(ONH^4)^2 = 2H^2O + CO(NH^2)^2.$$

L'urée se produit en effet par l'action du gaz ammoniac sur le chlorure de l'acide carbonique, $CO.Cl^2$. Celui-ci, qui est l'oxychlorure de carbone, s'obtient en exposant au soleil des volumes égaux d'oxyde de carbone et de chlore.

Il réagit sur le gaz ammoniac suivant la réaction

$$COCl^2 + 4NH^3 = 2NH^4Cl + CO(NH^2)^2.$$

En fait, c'est par une méthode différente que la synthèse de l'urée a été réalisée par Wœhler en 1827.

L'urine contient environ 20 à 25ᵍ d'urée par litre ; un homme adulte en produit en moyenne 30ᵍ par jour.

Pour retirer l'urée de l'urine, on évapore celle-ci doucement jusqu'à consistance sirupeuse ; on laisse refroidir et on ajoute un égal volume d'acide azotique. L'azotate d'urée se dépose ; on le redissout dans l'eau bouillante, on le décolore par filtration sur du noir animal, on le purifie par cristallisation, puis on neutralise la solution par du carbonate de potassium. Il se fait de l'azotate de potassium, du gaz carbonique se dégage et l'urée reste en solution. On évapore à sec et on reprend l'urée par l'alcool bouillant qui ne dissout pas les sels de potassium.

Par refroidissement on a l'urée en cristaux prismatiques d'une saveur fraîche, solubles dans leur poids d'eau, beaucoup plus solubles dans l'alcool. L'urée fond à 132°. Traitée par l'eau à 250° en tube scellé, elle donne du carbonate d'ammonium par fixation de $2H^2O$:

$$CO\left\langle{{NH^2}\atop{NH^2}}\right. + 2H^2O = CO\left\langle{{ONH^4}\atop{ONH^4}}\right.$$

La même transformation s'effectue encore sous l'influence d'un ferment (*micrococcus ureæ*) dans les urines abandonnées à la putréfaction. On sait en effet que les eaux vannes furent longtemps une source abondante d'ammoniaque.

L'urée, étant une amide, donne avec les acides des sels bien cristallisés ; toutefois, bien qu'elle renferme deux radicaux NH^2, elle ne se combine jamais qu'avec une seule molécule d'acide azotique ou chlorhydrique. Le nitrate d'urée a pour formule $CO(NH^2)^2.NO^3H$.

L'urée, renfermant le radical NH^2, réagit sur l'acide azoteux en donnant de l'azote et de l'acide carbonique :

$$(1) \qquad CO(NH^2)^2 + 2NO^2H = 2N^2 + CO^2 + 3H^2O.$$

L'urée dégage également de l'azote quand on la traite par le brome en présence de la potasse :

$$(2) \quad CO(NH^2)^2 + 6Br + 8KOH = CO^3K^2 + 6KBr + 6H^2O + N^2.$$

On voit qu'à 60ᵍ d'urée correspond un dégagement de $44^l,8$ d'azote dans le premier cas et de $22^l,4$ dans le second. On s'appuie sur ces réactions pour doser volumétriquement l'urée dans l'urine.

CHAPITRE XXVI

NITRILES

208. Nitriles. — Les amides, produites par la déshydration des sels ammoniacaux, peuvent, avons-nous dit, subir une déshydratation plus complète, lorsqu'on les chauffe avec de l'anhydride phosphorique par exemple, et donner des nitriles.

Ainsi on a successivement :

l'acétate d'ammonium $\quad CH^3\text{-}CO^2NH^4,$

l'acétamide $\quad CH^3\text{-}CO\,NH^2$

et l'acétonitrile $\quad CH^3\text{-}C \equiv N$

On remarquera que dans les nitriles le carbone et l'azote sont unis par une liaison triple

Inversement, les nitriles fixent de l'eau, surtout en présence des acides énergiques ou des alcalis, en solution étendue ; ils subissent donc une *hydrolyse* et redonnent de l'ammoniaque et l'acide correspondant Ainsi avec l'acétonitrile on a de l'acide acétique et de l'ammoniaque :

$$CH^3 \cdot C \equiv N + 2H^2O = CH^3 \cdot CO^2H + NH^3.$$
acétonitrile

Les deux nitriles les plus importants sont le *cyanogène* et l'acide *cyanhydrique*.

209. Cyanogène. — **Préparation.** — On appelle cyanogène le nitrile correspondant à l'acide oxalique. L'oxalate d'ammonium donne en effet par distillation l'oxamide en perdant autant de molécules d'eau que le sel contenait de fois NH^4 :

$$\begin{matrix} CO^2\text{-}NH^4 \\ | \\ CO^2\text{-}NH^4 \end{matrix} = 2H^2O + \begin{matrix} CO\text{-}NH^2 \\ | \\ CO\text{-}NH^2 \end{matrix}$$

oxalate d'ammonium — oxamide

A son tour l'oxamide chauffée avec de l'anhydride phosphorique perd autant de molécules d'eau qu'elle renferme de radicaux NH^2, et donne le cyanogène :

$$\begin{matrix} CO\text{-}NH^4 \\ | \\ CO\text{-}NH^2 \end{matrix} = 2H^2O + \begin{matrix} C \equiv N \\ | \\ C \equiv N \end{matrix}$$

oxamide — cyanogène

Le cyanogène, C^2N^2 ou en abrégé Cy^2, s'obtient plus facile-

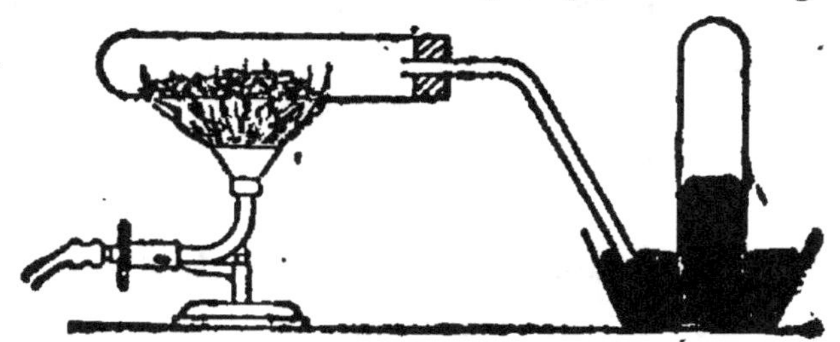

Fig. 49. — Préparation du cyanogène

ment en chauffant du cyanure de mercure, $HgCy^2$, dans un tube en verre peu fusible ; on recueille le gaz qui se dégage sur le mercure :

$$HgCy^2 = Cy^2 + Hg.$$

Plus simplement encore, si on fait arriver dans une solution d'un sel de cuivre, chauffée modérément, une solution concentrée de cyanure de potassium, au lieu d'avoir la réaction

$$SO^4Cu + 2KCy = SO^4K^2 + CuCy^2,$$

on observe la décomposition spontanée du cyanure cuivrique qui n'existe pas, en cyanure cuivreux $CuCy$ qui se dépose et cyanogène qui se dégage régulièrement à l'état pur. On a donc la réaction

$$2SO^4Cu + 4KCy = 2SO^4K^2 + Cy^2Cu^2 + Cy^2.$$

210. Propriétés du cyanogène. — Le cyanogène est un gaz incolore doué d'une odeur très vive. Il bout à — 21° sous la pression atmosphérique. L'eau en absorbe 4 fois son volume à 15° et donne avec ce corps diverses combinaisons. L'alcool en dissout 23 fois son volume.

Ce corps présente tout un groupe de propriétés qui le rapprochent des corps simples de la famille du chlore, notamment de l'iode. Il peut, comme la vapeur d'iode, former à chaud avec l'hydrogène une combinaison, l'acide cyanhydrique, HCy, ayant quelques-uns des caractères des hydracides. Le cyanogène s'unit comme la vapeur d'iode, avec incandescence, aux métaux alcalins chauffés, plus difficilement au zinc et au fer, pour donner des cyanures, sortes de sels comparables aux iodures. De même que le chlore donne à froid avec les alcalis un mélange de chlorure et d'hypochlorite, de même le cyanogène est absorbé par la potasse dissoute suivant une réaction analogue :

$$Cl^2 + 2KOH = KCl + ClOK + H^2O,$$
hypochlorite

$$Cy^2 + 2KOH = KCy + CyOK + H^2O.$$
cyanate

Mais la plupart des autres propriétés mettent en évidence le caractère complexe du radical Cy.

Tout d'abord le cyanogène brûle facilement dans l'air avec une flamme rouge violacée :

$$C^2N^2 + 4O = 2CO^2 + N^2.$$

Sa dissolution aqueuse s'altère rapidement, surtout si on l'additionne d'un alcali ou d'un acide étendu. Il se fait, entre autres produits, de l'ammoniaque et de l'acide oxalique :

$$C^2N^2 + 4H^2O = (CO^2 \cdot NH^4)^2.$$
cyanogène   oxalate d'ammonium

C'est là, nous l'avons dit, le caractère essentiel de la fonction nitrile. Le cyanogène contient deux fois cette fonction. Nous avons étudié ce corps en premier lieu, parce que dans quelques réactions importantes il se comporte comme un corps simple.

Nous allons retrouver la fonction nitrile dans le composé hydrogéné du cyanogène.

211. Acide cyanhydrique. — Préparation. — En dés-
hydratant le formiate d'ammonium, HCO^2-NH^4, on obtient
successivement la formiamide, $HCO-NH^2$, et le nitrile formique, $H-C\equiv N$, ou acide cyanhydrique, suivant les réactions

$$HCO^2-NH^4 = H^2O + HCO-NH^2,$$
formiate   formiamide
d'ammonium

$$HCO-NH^2 = H^2O + H-C\equiv N.$$
formiamide   acide cyanhydrique

Nous avons vu que le même corps se forme dans l'union
directe du cyanogène avec l'hydrogène. On l'obtient prati-

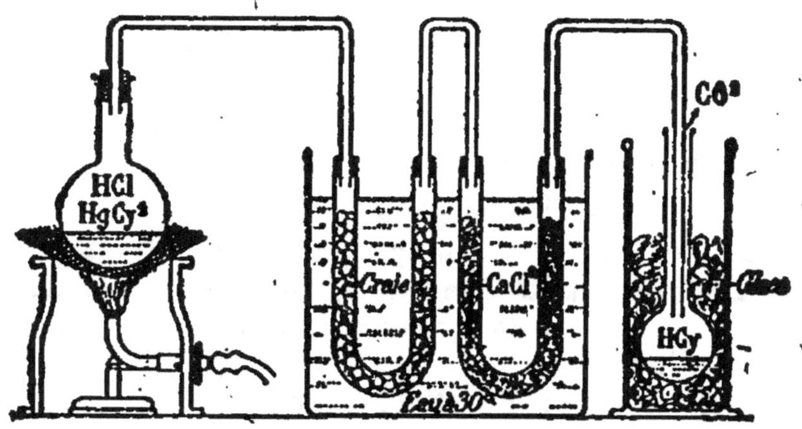

Fig. 50. — Préparation de l'acide cyanhydrique.

quement en chauffant dans un ballon du cyanure de mercure avec de l'acide chlorhydrique très concentré. On a la
réaction

$$HgCy^2 + 2HCl = 2HCy + HgCl^2.$$
cyanure   acide
de mercure   cyanhydrique

On ajoute du sel ammoniac dans le ballon sans quoi une
bonne partie de l'acide produit resterait combinée au bichlo-
rure de mercure. On débarrasse le gaz de l'acide chlorhydrique et de l'humidité qu'il entraîne en le faisant passer sur
des fragments de craie et sur du chlorure de calcium placés

dans des tubes maintenus vers 30° pour que l'acide cyanhydrique ne s'y condense pas.

212. Propriétés. — L'acide cyanhydrique est un liquide incolore, bouillant à 26°,5 sous la presion normale, doué d'une odeur de kirsch caractéristique ; c'est un poison très violent.

Par quelques caractères il se rapproche des hydracides ; c'est ainsi qu'il est décomposé par les métaux alcalins légèrement chauffés et plus difficilement par le fer et le zinc, avec formation d'un cyanure et dégagement d'hydrogène. Il est aussi absorbé par les alcalis et sa dissolution donne aussi des cyanures avec d'autres oxydes basiques, notamment avec l'oxyde de mercure, HgO.

Mais, par la plupart de ses propriétés, ce corps s'éloigne des hydracides.

Il brûle dans l'air, avec une flamme violette, en donnant de l'azote, du gaz carbonique et de l'eau :

$$2CNH + 5O = 2CO^2 + 2N + H^2O.$$

L'eau dissout l'acide cyanhydrique, mais la solution s'altère très rapidement ; il se forme, entre autres produits, de l'acide formique et de l'ammoniac, c'est-à-dire du formiate d'ammonium :

$$CNH + 2H^2O = HCO^2.NH^4.$$

Ce mode très général d'hydrolyse des nitriles est facilité, nous l'avons dit, par la présence des acides minéraux énergiques ; ainsi l'acide chlorhydrique permet d'obtenir du chlorhydrate d'ammoniaque et de l'acide formique ; on a finalement la réaction

$$CNH + HCl + 2H^2O = HCO^2H + NH^4Cl.$$

Les alcalis favorisent également l'hydrolyse des nitriles avec formation d'ammoniaque libre et du sel alcalin de l'acide correspondant. Ainsi une solution alcaline d'acide cyanhydrique donne à la longue, et entre autres produits, de l'ammoniaque et un formiate alcalin :

$$CNH + KOH + H^2O = HCO^2K + NH^3.$$

L'acide cyanhydrique est un acide faible ; il ne rougit pas le tournesol, il ne décompose pas la craie ; dès qu'à une solution de cet acide on ajoute quelques gouttes de potasse, la liqueur devient alcaline au tournesol et à la phtaléine. Il semble donc qu'en solution l'acide et la base ne sont pas combinés.

Par contre, si on concentre cette dissolution, on obtient du cyanure de potassium parfaitement défini et très stable, de sorte que l'on a finalement la réaction

$$CNH + KOH = CNK + H^2O.$$

Le cyanure de potassium réagissant sur un iodure alcoolique donne un nitrile ; ainsi avec l'iodure de méthyle, CH^3I, on obtient l'acétonitrile, $CH^3.CN$. On a la réaction

$$CH^3.I + CNK = KI + CH^3 - CN$$

d'où l'on passe, par hydrolyse, à l'acétate d'ammonium.

On a donc là un moyen très général de passer de l'alcool méthylique, $CH^3.OH$, à l'acide acétique, CH^3-CO^2H, et plus généralement d'un composé en C^n à un acide en C^{n+1}.

Des réactions de ce type et d'autres analogues ont joué un rôle très important dans la synthèse organique, spécialement dans la reproduction synthétique des matières sucrées.

213. Cyanures métalliques. — Cyanures simples. — On a vu que le cyanogène forme avec quelques métaux, et l'acide cyanhydrique avec toutes les bases fortes, des sels très peu stables en solution étendue. A l'état solide, les cyanures alcalins peuvent être chauffés au rouge sombre sans décomposition. Ceux de mercure et d'argent se décomposent au-dessous de cette température en métal et cyanogène.

Les cyanures alcalins, les cyanures alcalino-terreux et le cyanure de mercure sont solubles dans l'eau. Les autres y sont insolubles. Les cyanures solubles peuvent se reconnaître à ce qu'ils donnent avec l'azotate d'argent un préci.

pité blanc de cyanure d'argent, AgCy, soluble dans un excès de cyanure alcalin, insoluble dans l'acide nitrique étendu. Tous les cyanures donnent un dégagement d'acide cyanhydrique, reconnaissable à son odeur, quand on les chauffe avec de l'acide sulfurique étendu. Tous les cyanures simples sont comme l'acide cyanhydrique de violents poisons.

214. Cyanures doubles. — Les cyanures insolubles dans l'eau se dissolvent dans un excès de cyanure alcalin. Ainsi le cyanure d'argent, insoluble dans l'eau, donne avec le cyanure de potassium un cyanure double, AgCy.KCy, soluble.

Ces cyanures doubles sont facilement électrolysables. Le cyanure double d'argent et de potassium donne ainsi de beaux dépôts d'argent adhérents sur le cuivre et ses alliages bien décapés. Le cyanure double d'or et de potassium, $AuCy^3 KCy$, sert de même pour la dorure galvanique. Ces cyanures sont, comme les cyanures simples, de violents poisons.

215. Cyanures complexes ou prussiates. — Les cyanures alcalins donnent rapidement à l'ébullition et lentement à froid avec les cyanures de fer, des combinaisons plus compliquées dont l'une des plus importantes est le ferrocyanure de potassium :

$$FeCy^2 + 4KCy = FeCy^6K^4.$$
ferrocyanure
de potassium

Ce composé, encore appelé improprement *cyanure jaune de potassium*, se présente en cristaux ayant pour formule $FeCy^6K^4.3H^2O$.

Il est soluble dans l'eau et *n'est pas toxique* comme les cyanures. Il ne donne pas avec le nitrate d'argent un précipité de cyanure, AgCy, mais un précipité de ferrocyanure, $FeCy^6Ag^4$. Il ne donne pas non plus les réactions des sels de fer, notamment pas de sulfure de fer avec les sulfures alcalins, ni d'oxyde de fer avec les alcalis.

C'est le sel de potassium d'un acide très différent de l'acide cyanhydrique, un sel de l'acide ferrocyanhydrique, $FeCy^6H^4$.

On obtient cet acide à l'état de poudre cristalline blanche, très altérable à l'air, en versant de l'acide chlorhydrique dans une solution de ferrocyanure de potassium recouverte d'éther pour préserver l'acide du contact de l'air qui tend à former du bleu de Prusse.

La présence de l'éther rend en outre l'acide ferrocyanhydrique moins soluble.

Le plus important des ferrocyanures est le *ferrocyanure ferrique* ou *bleu de Prusse*. Il se forme quand on met en présence deux solutions, l'une de sel ferrique, l'autre de ferrocyanure de potassium :

$$4FeCl^3 + 3FeCy^6K^4 = (FeCy^6)^3Fe^4 + 12KCl.$$
bleu de Prusse

C'est là une réaction très sensible des sels ferriques.

En fait, le bleu de Prusse est une matière colorante bleue d'une grande importance qui s'obtient en faisant agir du ferrocyanure de potassium sur un sel ferreux et laissant s'oxyder à l'air, ou de toute autre manière, le produit de la réaction.

Ferricyanure. — Le ferrocyanure de potassium dissous, traité par un courant de chlore donne du ferricyanure de potassium ou cyanure rouge de potassium :

$$FeCy^6K^4 + Cl = KCl + FeCy^6K^3.$$
cyanure jaune   cyanure rouge

Ce sel donne un précipité bleu avec les sels ferreux ; il se comporte comme un oxydant en repassant à l'état de ferro-cyanure.

216. Industrie des cyanures. — Le plus important des cyanures est le cyanure de potassium ; il est employé pour l'extraction de l'or des roches aurifères ; on en consomme également pour la dorure et l'argenture.

Les ferrocyanures et ferricyanures servent pour la préparation des bleus, le ferrocyanure d'étain sert en teinture pour les enlevages ; les ferricyanures sont également employés pour la tannerie et la teinture.

Jadis on préparait le ferrocyanure de potassium en calcinant ensemble des matières organiques azotées, du carbonate de potassium et du fer. Quand on avait lessivé la masse, on retirait de l'eau des cristaux de ferrocyanure.

Le ferrocyanure séché et chauffé au rouge sombre, se décomposait à son tour en donnant du cyanure de potassium, de l'azote et des carbures de fer. Bref, en lessivant la masse on avait du cyanure de potassium que l'on concentrait et que l'on purifiait.

Aujourd'hui on retire la majeure partie des ferrocyanures des résidus d'épuration du gaz d'éclairage.

Enfin on peut préparer synthétiquement le cyanure de potassium par la combinaison directe de l'azote de l'air avec le charbon et la potasse ou le potassium.

On peut encore obtenir le cyanure de baryum en faisant passer un courant d'azote humide sur du carbure de baryum chauffé au rouge sombre ; on a la réaction

$$C^2Ba + N^2 = (CN)^2Ba$$

Cyanamide calcique. — Avec le carbure de calcium on peut aussi, comme nous allons voir, obtenir finalement des cyanures ; mais il se fait tout d'abord une amide d'une grande importance industrielle suivant la réaction.

$$C^2Ca + N^2 = CN^2Ca + C.$$

CN^2Ca est appelé cyanamide calcique. C'est un engrais azoté excellent que l'industrie produit en très grande quantité.

La cyanamide calcique traitée par la vapeur d'eau sous pression donne de l'ammoniac :

$$CN^2Ca + 3H^2O = CO^2Ca + 2NH^3.$$

C'est là une préparation synthétique de l'ammoniaque destinée à suppléer à l'insuffisance de l'ammoniaque retirée des goudrons de houille.

Enfin la cyanamide calcique fondue avec du charbon et du carbonate de potassium donne du cyanure de potassium :

$$C + CN^2Ca + CO^3K^2 = CO^2Ca + 2CNK.$$

La production mondiale des cyanures est de 20 000 tonnes environ, dont la moitié de cyanure de potassium. Ce dernier vaut environ 200 francs les 100^{ks}.

EXEMPLES DE PROBLÈMES

PROPOSÉS DANS LES EXAMENS

(2ᵉ partie du Baccalauréat. Mathématiques).

On veut préparer 100^g d'aniline en partant de la benzine. Quel poids de benzine faut-il prendre, et quels sont les poids minima d'acide azotique fumant (de formule AzO^3H) et de fer qu'on pourra faire concourir à la transformation de cette quantité de benzine en aniline ?

On supposera que toutes les réactions se font avec un rendement parfait.

Poids atomiques : $C = 12$; $Az = 14$; $O = 16$; $Fe = 56$.

Tous les poids seront calculés à moins de 1 décigramme près.

(Besançon, 1912.)

1° Avec $22^l,32$ d'acétylène, mesurés à $0°$ et 76^{cm}, quelle masse de benzène peut-on obtenir ? Quelle fraction de molécule ?

2° Quelle masse d'acide nitrique fumant est nécessaire pour transformer le benzène obtenu en nitrobenzène mononitré ?

3° Quelle masse de limaille de fer faut-il pour transformer ce nitrobenzène en aniline ? Quels autres corps faut-il ajouter ?

On donne :

$C = 12$; $Az = 14$; $O = 16$; $Fe = 56$; $H = 1$.

(Montpellier, 1912.)

1° On chauffe jusqu'à décomposition complète 50 kilogrammes de carbonate de calcium. Calculer le poids du gaz dégagé et le volume qu'occupe ce gaz, supposé parfait, à $0°$ centigrade et sous la pression atmosphérique normale.

2° Le résidu solide est chauffé avec un excès de charbon

au four électrique et le produit solide obtenu est traité par
l'eau. Quel est le poids d'oxygène nécessaire pour obtenir la
combustion complète du gaz dégagé ?

On suppose les réactions complètes et les rendements
théoriques.

On donne :

H = 1 ; O = 16 ; C = 12 ; Ca = 40.

On rappelle que le volume occupé par 2 grammes d'hydrogène à 0° centigrade et sous la pression atmosphérique
normale est 22^l,3.

(Rennes, 1912.)

En effectuant l'analyse élémentaire d'une matière organique azotée, on obtient 0^s,440 d'anhydride carbonique et
0^s,225 d'eau dans la combustion de 0^s,295 de cette substance
et une seconde opération sur le même poids de matière
fournit 59,6$^{cm^3}$ d'azote (mesurés sur une cuve à eau, à la
température de 15° et sous la pression de 762^{mm} de mercure).
D'autre part, en déterminant la densité de vapeur du corps
considéré on trouve 2,049.

Etablir la *formule* moléculaire et la composition centésimale du corps étudié.

Tension de la vapeur d'eau à 15° : 12^{mm},70.

Coefficient de dilatation des gaz : $\dfrac{1}{273}$.

Poids du *litre* d'air normal 1^s,293.

Les poids atomiques du carbone, de l'hydrogène, de l'azote
et de l'oxygène sont respectivement : 12, 1, 14, 16.

(Toulouse, 1912.)

Un mélange de méthane, d'acétylène et d'azote fournirait
par combustion totale dans l'oxygène, 48^s,4 d'anhydride
carbonique et 18^s de vapeur d'eau. Sachant que ce mélange
pèse 29^s,2, on demande quel est le poids de chacun de ses
constituants.

Poids atomiques :

H = 1 ; C = 12 ; Az = 14 ; O = 16.

(Poitiers, 1912.)

TABLE DES MATIÈRES

———

CHAPITRE III

Détermination des nombres proportionnels.

CHAPITRE IV

Détermination des poids atomiques et des poids moléculaires.

CHAPITRE V

Détermination des poids moléculaires par des considérations physico-chimiques.

LIVRE II

PRINCIPALES CLASSES DE CORPS MINÉRAUX ET ANALYSES

CHAPITRE VIII
Acides, bases, sels.

Chapitre IX

Lois de Berthollet.

Chapitre X

Étude particulière de quelques classes de composés.

Chapitre XI

Classification des corps simples.

CHAPITRE XII

Notions d'analyse chimique.

LIVRE III

CHIMIE ORGANIQUE

CHAPITRE XIII

Généralités.

Chapitre XIV

Carbures d'hydrogène et dérivés halogénés.

Chapitre XV

Alcools saturés monovalents.

CHAPITRE XVI
Éthers-oxydes.

CHAPITRE XVII
Aldéhydes et cétones.

CHAPITRE XVIII
Acides.

CHAPITRE XIX
Éthers-sels.

CHAPITRE XX
Alcools à fonctions multiples.
Alcools multiples.

Chapitre XXI

Produits d'oxydation des alcools multiples.

Chapitre XXII

Carbures benzéniques.

Chapitre XXIII

Les Phénols.

MATIÈRES ORGANIQUES AZOTÉES

Chapitre XXIV

Amines.

EXTRAIT DU CATALOGUE
DE LA
LIBRAIRIE VUIBERT
Boulevard Saint-Germain, 63, PARIS

Traités de Mathématiques. — Volumes 22/14ᶜᵐ, brochés :

Arithmétique (cl. de Mathématiques), par A. Grévy, professeur au lycée Saint-Louis . . . . 2 fr. 50

Algèbre (cl. de Mathématiques), par A. Grévy . . . . 6 fr. »

Géométrie, par A. Grévy. — 3 volumes :
Géométrie plane (cl. de 2ᵉ C et D) . . . . 3 fr. »
Géométrie dans l'espace (cl. de 1ʳᵉ C et D) . . . . . 2 fr. »
Compléments de Géométrie (cl. de Mathématiques). 2 fr. »

Géométrie, par C. Guichard, membre correspondant de l'Institut, professeur à la Sorbonne :
Tome I : *Géométrie plane et dans l'espace* . . . . . . 6 fr. »
Tome II : *Compléments* . . . . 6 fr. »

Géométrie descriptive, par T. Chollet, professeur au lycée de Versailles, et P. Mineur, professeur au collège Rollin :
Tome I (cl. de 1ʳᵉ C et D) . . . . 3 fr. 50
Tome II (cl. de Mathématiques). . . . . 3 fr. »

Mécanique (cl. de Mathématiques), par C. Guichard . 3 fr. »

Cosmographie (cl. de Mathématiques), par A. Grignon. — Vol. illustré, avec 11 pl. hors texte et carte céleste . . . 3 fr. »

Trigonométrie (cl. de 1ʳᵉ C et D et de Mathématiques), par A. Grévy. — Vol. 18/12ᶜᵐ, cart. toile . . . . 2 fr. 25

Problèmes de Baccalauréat :

Mathématiques, par H. Vuibert. — Vol. 22/14ᶜᵐ renfermant 681 problèmes d'arithmétique, algèbre, géométrie, trigonométrie, géométrie descriptive, mécanique, cosmographie, avec les solutions. 7ᵉ édition . . . . 5 fr. »

Physique et Chimie, par Emile Bouant. — Vol. 22/14ᶜᵐ, avec les solutions. 6ᵉ édition . . . . 3 fr. »

Manuels du Baccalauréat

(Volumes 16/11^{cm})

Deuxième partie

Histoire contemporaine, par M. H. Hauser. — Vol. broché. . . . . 4 fr. »

Géographie (*Les principales puissances du monde*), par M. H. Hauser. — Vol. broché. . . . . 1 fr. 25

Philosophie, *série Mathématiques*, par M. P. Janet. — Vol. broché. . . . . 4 fr. 50

Philosophie, *série Philosophie*, par M. P. Janet. — Vol. broché. . . . . 3 fr. 50

Mathématiques, *série Mathématiques*, par MM. Humbert, Guichard, Mineur, Maluski et Tartinville. — Vol. cart. 4 fr. »

Physique, *série Mathématiques*, par M. Boisard. — Vol. broché. . . . . 2 fr. 50

Physique, *série Philosophie*, par M. Gallotti. — Vol. broché. 3 fr. 50

Chimie, *série Mathématiques*, par MM. Rivals et Devaud. — Vol. broché. 2 fr. »

Chimie, *série Philosophie*, par MM. Rivals et Devaud. — Vol. broché. . . . . 2 fr. »

Histoire naturelle, par M. Caustier. — Vol. cart. toile. 4 fr. »

Annales du Baccalauréat

Recueil de tous les sujets donnés, dans toutes les Facultés, aux différentes épreuves écrites du Baccalauréat.

Chaque année, depuis 1911, forme 9 fascicules 18/12^{cm}.

1er *Fascicule* : Mathématiques et Sciences physiques (1re partie : séries *Latin-sciences* et *Sciences-Langues*; 2e partie : série *Mathématiques*). . . . . 2 fr. 75

9e *Fascicule* : Dissertations philosophiques (série *Mathématiques*). . . . . 1 fr. »

Pour les années 1914 à 1918, les fascicules 2 à 9 ne seront pas publiés. On peut se procurer ceux qui sont encore en vente des années 1911, 1912, 1913. A défaut de spécification, nous envoyons le fascicule en vente de l'année la plus récente. Les fascicules 2, 3, 6 et 8 de 1913 et 1912, 7 de 1913, 1 de 1912 et 1911, sont épuisés. — Le prix du 1er fascicule des années 1913 à 1916 inclus est de **2 fr. 50.**